高 等 学 校 教 材

金工实习教程

尚可超　主编

贺文海　尚可超　倪陈强　编

西北工业大学出版社

【内容简介】 本书是为指导高等学校机械类专业学生金工实习而编写的,其内容包括铸造、锻压、焊接、热处理四个热加工工种和切削加工等。

　　本书可作为高等学校机械类、近机械类专业金工实习教材,也可供工程技术人员参考。

图书在版编目 (CIP) 数据

金工实习教程/尚可超主编;贺文海,尚可超,倪陈强编 . —西安:西北工业大学出版社,2007.9(2014.3 重印)

ISBN 978 - 7 - 5612 - 2285 - 0

Ⅰ. 金… Ⅱ.①尚… ②贺… ③尚… ④倪… Ⅲ. 金属加工—实习—高等学校—教材 Ⅳ. TG - 45

中国版本图书馆 CIP 数据核字 (2007)第 132926 号

出版发行:西北工业大学出版社

通信地址:西安市友谊西路 127 号 邮编:710072

电　　话:(029)88493844 88491757

网　　址:www.nwpup.com

印　刷　者:陕西丰源印务有限公司

开　　本:787 mm×1 092 mm 1/16

印　　张:12.125

字　　数:289 千字

版　　次:2007 年 9 月第 1 版 2014 年 3 月第 6 次印刷

定　　价:22.00 元

前　言

　　金工实习作为普通高校工科类学生的一门必修的实践性教学环节,在学生的培养过程中起着极其重要的作用。随着高校教学过程改革的不断深入发展,金工实习环节也必须适应整个教学过程的变化。

　　本书是根据"金工实习教学基本要求"和西安科技大学金工实习的具体情况,并参考兄弟院校的实习情况而编写的。编写时主要参阅了张力真、徐允长编写的《金属工艺学实习教材》(高等教育出版社,2002年)和邓文英编写的《金属工艺学》(高等教育出版社,2000年)等教材,并充分考虑到了实际操作的特征。编写的目的是为了指导和帮助学生在进行金工实习操作的同时,了解各种加工方法的基本原理及操作要领,并为后续课程的学习打下坚实的基础。

　　本书的内容包括传统的热加工和机械加工的加工设备、加工工艺及操作要领的介绍,对一些常见的非传统加工方法进行了简单的介绍。在每章开头都列有一张表格,对每种加工实习后动手能力和应知、应会的内容提出了明确要求,使实习学生一目了然。

　　本书的特点是对各种不同的加工方法的介绍层次分明、重点突出,能指导学生在有限的实习时间内对重点内容熟练掌握,对其他操作融会贯通,尽量全面地了解加工行业的情况。

　　全书共分十二章,其中第一章至第四章为热加工部分,由贺文海编写;第五章至第十一章为机械加工部分,由尚可超、倪陈强共同编写;第十二章为非传统加工方法,由尚可超编写。全书由尚可超担任主编。

　　在本书编写过程中,得到了西安科技大学机械学院、教务处、机电厂和西北工业大学出版社有关同志的大力支持,在此表示感谢。

　　本书可供普通高等学校机械类和近机械类专业学生使用,也可作为其他相关人员的参考书。

　　由于编者水平有限、时间仓促,书中难免有错误和缺陷,敬请读者批评指正。

编者

2007 年 6 月

目　录

第一章 铸 造

实习目标

实习内容	要求了解的基本知识	要求掌握的内容
铸造概论	1. 铸造生产工艺过程及其特点。 2. 本工种实习的具体安排。 3. 铸造生产安全技术	
造型材料	1. 型砂的组成,型砂的性能要求,型砂的制备过程和设备。 2. 铸铁与铸铝件的型砂和芯砂	
造型	1. 整模、分离模、挖砂、假箱、活块、三箱、地坑、刮板等造型方法。 2. 型芯的构造和作用,型芯的固定。 3. 浇注系统各组成部分和作用,出气口和冒口的作用。 4 简单铸件的工艺分析	1. 分清零件、模型、铸件的主要区别。 2. 能独立操作较简单铸件的手工造型和制芯
熔化和浇注	1. 铸铁、铸铝的熔化,冲天炉、电炉、坩埚炉的构造,炉料的种类、熔化过程。 2. 铸件的浇注要点	参加熔化和浇注的辅助操作
铸件清理和铸铁缺陷的技术分析	1. 铸件的清理和落砂。 2. 铸件常见的缺陷特征及产生的主要原因	参加作业件的落砂、清理工作,并能对外观的缺陷进行初步分析
特种铸造	熔模铸造的工艺特点及应用	参与模型制备的全过程

铸造是将液态金属浇入铸型型腔,待其凝固后,获得具有一定形状、尺寸和性能的零件及毛坯的成型方法。由此可见,铸件作为毛坯,经过切削加工才能制成零件,有时也可作为零件而直接使用。

在铸造生产中,最基本的工艺方法是砂型铸造,用这种方法生产的铸件占总产量的 90％以上。此外,还有多种特种铸造方法,如熔模铸造、金属型铸造、压力铸造、离心铸造等,它们在不同条件下各有其优势。

铸造工艺历史悠久,而且在现代工业中应用也非常广泛,主要由于铸造工艺具有如下优越性:

（1）可制成形状复杂、特别是具有复杂内腔的毛坯。

（2）工业上常用的金属材料（碳素钢、合金钢、铸铁、铜合金、铝合金等）都可用于铸造，其中广泛应用的铸铁件只能用铸造方法获得。

（3）铸件的大小几乎不限。质量从几克到几百吨；壁厚可由 1 mm～1 m。

（4）生产方式灵活。适用于大批量生产，也适用于单件、小批量生产。

（5）节约生产成本。铸造可直接利用成本低廉的废机件和切屑，而且铸造设备造价较低。同时，铸件加工余量小，节省金属，减少切削加工量，从而降低制造成本。

第一节　砂型铸造用型砂及芯砂介绍

铸造工艺中，用来制造砂型和型芯的主要材料是型砂及芯砂。型砂及芯砂主要由原砂、黏结剂和附加物混制而成。型砂及芯砂的质量对铸件的质量起着重要作用，据统计，铸造废品中约有 50％以上与其质量有关。

此外，型砂及芯砂的用量很大，据统计，生产 1 t 的铸件约需 3～4 t 型砂及芯砂。因此为了保证铸件质量，降低生产成本，应合理选用型砂及芯砂，并对其质量进行严格控制。型砂及芯砂的组成如图 1.1 所示。

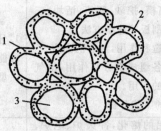

图 1.1　型砂及芯砂的组成示意图

1—空隙；　2—黏结剂膜；　3—原砂

一、型砂及芯砂的组成

型砂及芯砂主要由原砂、黏结剂、附加物、水、旧砂配制而成。现对各种组成物作必要的介绍。

1. 原砂

原砂是造型材料中的主要部分，因其与高温金属液直接接触，所以必须对用于铸造的原砂进行控制。

（1）化学成分。石英（SiO_2）的熔点高达 1 713℃，天然石英砂中 SiO_2 的含量为 85％～97％，能承受一般铸造合金的高温作用，而且价格便宜，故在铸造生产中得到广泛应用。当铸造高熔点合金时，还须选用熔点更高的原砂，如锆砂和铬铁矿砂等非石英原砂。

（2）粒度与形状。原砂的粒度可用标准筛对其进行筛分确定。各种铸件对型砂的要求：通常低熔点非铁合金件铸造时用细砂，铸铁件生产时用中粗砂，铸造高熔点合金或大件用粗砂。砂粒的形状有圆形、多角形和尖角形。由于圆形砂粒表面积小，所以消耗黏结剂量最少，而且，圆形砂粒可以保证透气性，所以铸造用砂以圆形为好。

2. 黏结剂

黏结剂的主要作用是在砂粒表面形成一层黏结膜从而使砂粒黏结,而且可以保证型砂具有一定的强度、韧性等。可以作为黏结剂的材料主要包括:

(1)黏土。用适量的水分将黏土润湿,形成黏土膜,方能黏结砂粒。黏土分为普通黏土和膨润土。普通黏土主要用于干型砂及芯砂。膨润土多用于湿型砂及芯砂。黏土是价格最低廉、资源最丰富的黏结剂,而且具有一定的黏结强度,可重复使用,所以,广泛用于铸造生产。

(2)水玻璃。水玻璃的主要成分是硅酸钠($NaO \cdot mSiO_2$)的水溶液,若在型砂中加入一定量(如 5%~7%)的水玻璃,则在加热或与二氧化碳作用的条件下,生成硅酸,将砂粒牢固地黏结在一起,从而可以使型芯或砂型迅速产生化学硬化,其强度比黏土砂更高。如果使用水玻璃可在砂型及砂芯硬化后再起模和拆除芯盒,有利于提高铸件尺寸精度。

水玻璃为无机化学黏结剂,具有无毒、价廉的优点。其不足之处是:如果使用水玻璃,铸件上易出现化学黏砂,同时型砂及芯砂在浇注后结成硬块,难以落砂清理。此外,这种型砂及芯砂的重复利用需要增加专用设备。

(3)有机黏结剂。有机黏结剂中的合成高分子化合物,如酚醛树脂、呋喃树脂、植物油、合脂、渣油在加热或催化剂作用下,能迅速发生化学反应,从而将砂粒牢固地黏结,其黏结强度很高。而在金属液浇注后,有机黏结剂会逐渐烧掉,使型砂及芯砂容易从铸件中清除。因此,有机黏结剂是制造型砂及芯砂的理想黏结剂。

3. 附加物

为改善型砂及芯砂的某些性能而加入的辅助材料称为附加物。附加物主要有煤粉、木屑等。加入木屑的主要作用是提高透气性和退让性。加入煤粉的主要作用是在高温金属液的作用下燃烧产生气膜,隔绝金属液与铸型的直接接触,防止铸件黏砂,使铸件表面光洁。

4. 涂料和扑料

在砂型和型芯表面上涂覆涂料或扑料可以提高铸件表面质量。干砂型或型芯用石墨加少量黏土、水调成涂料,刷涂到型腔内表面上;湿砂型或型芯则将石墨粉装入布袋内,抖在型腔内表面上。

二、型砂及芯砂的配制

造型之前,必须按照严格的比例配制型砂及芯砂,而且均匀地混砂,以保证其性能。混砂通常是在混砂机中进行。当用砂量较小时,也可以人工混砂。混砂的过程是将型(芯)砂的各组分按一定比例均匀混合,而且保证黏结剂在砂粒的表面均匀的分布。混砂机中混砂时先干混 2 min,再加水湿混 5 min,当型砂及芯砂的性能符合要求后出砂。型砂使用前还应进行过筛以使其松散。

型砂及芯砂应采用不同的比例混制,主要依据是铸件所用材料类型不同(如碳钢、合金钢、铸铁及非铁合金等)及铸件的大小。如,当体积比较小的铸铁件生产时,型砂配制比例是:新砂2%~20%,旧砂 80%~98%,黏土 4%~5%,水 4%~5.5%,煤粉 2%~3%。为了保证其具有良好的性能,应用仪器检验混制好的型(芯)砂的质量。通常的检验方法是手捏法:如果能够手捏成团,而且手放开后能够清晰看到手指的痕迹;折断型砂团时断面应没有碎裂现象,而且应有足够的强度。现代化的砂处理系统已能实现由微机控制的电子秤配料,严格控制质量。

三、型砂及芯砂性能要求

1. 透气性

透气性用来表征紧实后的型砂透过气体的能力。透气性用单位体积的型砂在标准温度和标准气压下,在单位时间内型砂中通过的空气体积来表示。当高温金属液浇入砂型时,由于砂型中的水分蒸发,有机物燃烧、分解和挥发,将产生大量气体,而且型腔中的空气也将膨胀,若在金属凝固前不能使气体逸出,则会在铸件内形成气孔,因此型砂及芯砂必须具有良好的透气性。

通常粒度粗大、均匀、圆形的原砂作为型砂其透气性好;粗细不匀、细粒、含过量粉尘和灰分的原砂,或紧实过度的型砂,会因空隙减少而降低透气性。

2. 强度

紧实后的型砂在外力作用下不变形、不被破坏的性能称为强度。强度用来表征型砂抵抗外力破坏的能力。足够的强度可保证砂型和型芯在制造、搬运过程中及金属液的冲击和压力作用下不致变形和破坏。强度不足时,会使铸件产生冲砂、夹砂和砂眼等缺陷;强度过高时,因砂型紧实过度会降低透气性,而且阻碍铸件收缩,使铸件产生气孔、变形和裂纹等铸造缺陷。

型砂的强度是依赖在砂粒表面形成的黏结剂薄膜而建立的。黏结剂的性能越好,其型砂强度越好。此外,强度也随砂型的紧实度的增大而增加。

3. 耐火性

型砂及芯砂在高温金属液的作用下不软化、不熔化、不烧结的性能称为耐火性。耐火性用来表征型砂及芯砂承受高温作用的能力。如果型砂及芯砂的耐火性不高,在浇铸时,型砂及芯砂会被高温金属液熔化,黏结在铸件表面,从而形成黏砂等缺陷,使铸件清理困难,严重时甚至使铸件成为废品。

耐火性与型砂及芯砂的化学成分、砂粒形状等有关。如石英砂中 SiO_2 含量越高、含碱性物质和杂质越少,其耐火性则越高。此外,圆形粗粒砂比多角形细粒砂的耐火性好。

4. 退让性

铸件凝固后,冷却过程中将会收缩。型砂及芯砂体积能被铸件压缩的性能称为退让性。型砂及芯砂的退让性好,铸件收缩时受到的阻力较小,铸件机械应力则小;否则,铸件收缩时受到的阻力较大,铸件容易产生变形和裂纹。在型砂及芯砂中混入少量木屑等附加物或采用有机黏结剂,可改善其退让性。

此外,造型材料还应有良好的落砂性、溃散性等性能。芯砂比型砂与金属液接触的部分更多,必须具有更高的性能。

第二节 砂型的特点

砂型质量对铸件的质量有很大影响,所以,有必要对砂型的特点进行介绍。

一、砂型的结构

型砂在砂箱中紧实形成砂型。为了保证能够顺利地将模样从砂型中取出,以及将型芯安装于型腔中,砂型一般由两个或多个部分组合装配而成。组成砂型的相邻两个部分的接合面称为分型面,图1.2所示为砂型组成示意图。

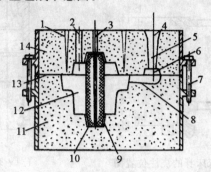

图1.2 砂型组成示意图

1—通气孔; 2—出气口; 3—型芯通气孔; 4—浇口杯; 5—直浇道; 6—横浇道; 7—合型销;
8—内浇道; 9—型芯座; 10—型芯头; 11—下砂型; 12—型腔; 13—分型面; 14—上砂型

起模后在砂型中留下的空腔用于形成铸件,称为型腔。铸件上的孔由安装在型腔中的型芯来形成,型芯的端部用来支撑型芯的部分称为型芯头。为了保证将型芯准确地安装在型腔中,型芯头必须座落到砂型中的型芯座上。

为了保证液态金属浇入铸型型腔,砂型上设有浇注系统。浇注过程中,金属液从外浇口(也称为浇口杯)浇入,经过直浇道、横浇道及内浇道平稳地流入型腔。型腔最高处设有出气口,出气口一方面可以用来观察型腔中金属液是否浇满,另一方面也可以用来将型腔中的气体排出。为了保证排出型芯及砂型中的气体,通常型芯及砂型上均有通气孔。

砂箱上还应设置合型销,从而保证能够准确合箱。

二、铸件浇注位置及分型面的选择与确定

浇注位置是指浇注时铸件在型腔中所处的空间位置;分型面是指组成砂型的各部分组元间的结合面。

浇注位置及分型面的合理选择,对铸件的质量很重要。

1. 浇注位置选择原则

浇注位置的选择原则如下:

(1)为了避免砂眼、气孔、夹渣等缺陷的产生,应将铸件的重要加工面置于铸型下部。如果铸件的重要加工面不能朝下,则应尽量使其位于侧面。因为混入金属液中流入型腔的熔渣和气体比金属液轻,多数会浮到铸件的顶面,所以铸件的上表面容易产生缺陷,而且铸件下表面组织也比上表面组织致密。当铸件的重要加工面有多个时,则应将较大的加工面朝下。

例如,当铸造车床床身时,床身上的导轨面是关键表面,为了保证其具有良好的性能,所以要求导轨面组织致密,而且不允许有明显的表面缺陷。遵循上述原则,车床床身的浇注位置方案如图1.3所示,将导轨面朝下浇注。

此外,起重机卷扬筒也通过铸造而成。卷扬筒在服役过程中受力复杂,所以对卷扬筒的圆周表面质量要求高,不允许有明显的铸造缺陷。为了保证卷扬筒的质量,图1.4所示为起重机卷扬筒的浇注位置方案。由图1.4可见,采用立式浇铸,全部圆周表面均处于侧立位置,其质量均匀一致,较易获得合格铸件;若采用卧铸,圆周的朝上表面的质量难以保证。

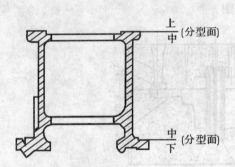

图 1.3　车床床身的浇注位置图　　　　1.4　卷扬筒的浇注位置

（2）为防止在表面形成夹砂等缺陷，应将平板、圆盘类铸件等具有大平面的部位置于铸型下部。如果此类铸件的大平面朝上，浇注过程中型腔中的金属液放出大量的热量，对型腔上表面有强烈的热辐射作用，型腔上表面的型砂会因受热而急剧热膨胀和强度下降，从而拱起或开裂，铸件表面易形成夹砂缺陷。

（3）为防止铸件薄壁部分产生浇不足或冷隔缺陷，应将铸件面积较大的薄壁部分置于铸型下部。如果不能置于铸型下部，最好使其处于垂直或倾斜位置。图 1.5 所示为薄件的合理浇注位置，由图可见，此零件属于薄壁铸件，所以铸造时按照上述原则选择浇铸位置。

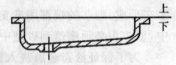

图 1.5　薄件的浇注位置

（4）易产生缩孔的铸件，应将其厚大的部位（此部位容易产生缩孔等缺陷）放在铸型的上部或侧面。铸型的上部或侧面属于铸型中容易安置冒口及冷铁的部位，容易保证铸件实现定向凝固。

2．分型面的选择原则

分型面的选择对于铸造工艺非常重要。如果分型面选择不当将会影响铸件的质量，而且可能对铸造的其他工序造成影响，例如造成制模、造型、造芯、合箱或清理等工序复杂化。此外，如果分型面选择不当也可能增大铸件的切削量。由此可见，铸型分型面的选择是影响铸造工艺合理性的关键因素。因此，分型面的选择应能在保证铸件质量的前提下，尽量简化工艺，节省人力、物力。分型面的选择原则如下：

（1）根据上述分析，分型面的选择须能够保证分型面平直，而且减少分型面的数量，避免不必要的活块和型芯，从而使造型工艺得到简化。图 1.6 所示为一起重臂铸件，采用简便的分开模造型，其分型面为一平面。如果采用图中弯曲分型面，则须采用挖砂或假箱造型。图中所示的分型面简化了造型工艺，比较适合大批量生产，不仅便于造型操作，且模板的制造费用低。在单件、小批生产中，常采用弯曲分型面，这样整体模样坚固耐用、造价低。

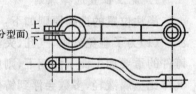

图 1.6　起重臂的分型面

（2）为了适应机械造型的要求，应尽量使铸型只有一个分型面，以便采用工艺简便的两箱造型。多一个分型面，将多一个砂箱，合箱时将增加一些误差，从而降低铸件的精度。图 1.7(a)所示的三通铸件，其内部为一个 T 字形空腔，生产时必须用芯来形成。如图 1.7(b)所示，当中心线 ab 垂直于水平面时，为了能够将模样从铸型中取出，必须设置三个分型面，此时必须采用四箱造型。如图 1.7(c)所示,当中心线 cd 垂直于水平面时,铸型仅须两个分型面,能够保证将模样从铸型中取出,所以此时仅须采用三箱造型。如图 1.7(d)所示,当中心线 ab 与 cd 都处于水平位置时,因铸型的分型面仅仅有一个,此时采用两箱造型即可。显然,后者是合理的分型方案。由上述分析可见,不同的分型方案,其分型面数量不同。

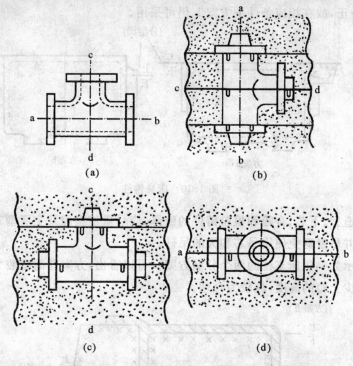

(a) (b)

(c) (d)

图 1.7 三通铸件的分型方案

造型过程中避免活块的示例如图 1.8 所示。图中支架分型方案有两种。按方案Ⅰ,支架上的凸台必须采用四个活块方可制出,如果下部两个活块较深时,取出则比较困难。为了简化造型工艺,改用方案Ⅱ,仅需在支架的拐角处挖砂,省去活块。

用来形成铸件的内腔是型芯最重要的用途,有时型芯也可以用来制造妨碍起模的凸台、凹槽等,从而简化铸件的外形。但制造上述型芯需要专门的芯盒、芯骨,还须烘干及下芯等工序,增加了铸件成本。因此,选择分型面时应尽量避免不必要的型芯。

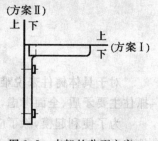

图 1.8 支架的分型方案

图 1.9 所示为一底座铸件。若按图中方案Ⅰ分开模造型,其上、下内腔均须采用型芯。若改用图中方案Ⅱ,采用整模造型,则上、下内腔均可由砂垛形成,省掉了型芯。

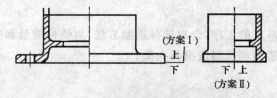

图 1.9 底座铸件

（3）应尽量使铸件全部或大部置于同一砂箱，以保证铸件的精度。图 1.10 所示为一床身铸件，其顶部平面为加工基准面。图中方案 a 在妨碍起模的凸台处增加了外部型芯，因采用整模造型使加工面和基准面在同一砂箱内，铸件精度高，是大批量生产时的合理方案。若采用方案 b，则产生错型将影响铸件精度。但在单件、小批生产条件下，铸件的尺寸偏差在一定范围内可用划线来矫正，故在相应条件下方案 b 仍可采用。

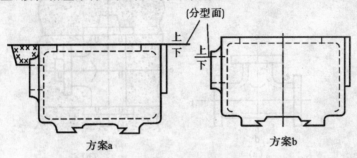

图 1.10　床身铸件

（4）为便于造型、下芯、合箱和检验铸件的壁厚，应尽量使型腔及主要型芯位于下箱。但型腔也不宜过深，并尽量避免使用吊芯和大的吊砂。

图 1.11 所示为一机床支柱的两个分型方案。可以看出，方案 Ⅱ 的型腔大部分及型芯位于下箱，这样可减少上箱的高度，故较为合理。

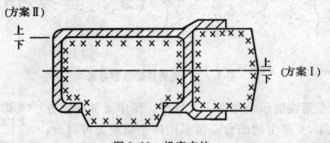

图 1.11　机床支柱

对于具体铸件来说难以满足上述各原则，而且上述各原则有时甚至互相矛盾。因此，必须抓住主要矛盾、全面考虑，至于次要矛盾，则应从工艺措施上设法解决。

为了便利起模，除了应使分型面与铸件的最大截面重合，有时还必须将模样分为几块，零件的形状越复杂，其分型、分模的形式亦复杂，由此就产生了多种基本造型方法，而且需要合理确定分模面。

第三节　砂型铸造造型方法

造型是砂型铸造最基本的工序，合理选择造型方法，对铸件质量和生产成本有着重要的影响。造型方法分为手工造型和机器造型两大类。

一、手工造型

手工造型操作灵活，对模样及砂箱的要求不高。例如，一般采用实体木模，对于尺寸较大的回转体或等截面铸件还可采用成本低的刮板来造型,而不需严格配套和机械加工的砂箱,较大的铸件还可采用地坑来取代下箱。

手工造型生产率低,对工人技术水平要求较高,而且铸件的尺寸精度及表面质量较差。但是,由于存在上述优点,实际生产中,手工造型仍然是难以完全取代的重要造型方法。

常用的手工造型有整模造型、分模造型、挖砂造型、三箱造型及活块造型等。

1. 整模造型

整模造型是一种简单、常用的造型方法。当零件外形的最大截面在一端,而其余截面沿起模方向递减时,可选择最大截面端面作分型面,将模样做成整体进行造型。上述造型方法称为整模造型。整模造型时,模样轮廓全部位于一个砂型中,分型面为平面,操作简便,可避免错箱等缺陷,有利于保证铸件的形状和相对位置精度。它适用于外形轮廓顶端为最大截面的铸件,如床脚、轴承盖、罩壳等。

2. 分模造型

对于某些形状较为复杂的铸件,如最大截面居中,而其余截面分别沿铸件的端部方向递减,造型时可沿铸件的最大截面分型,同时将模样分成两半,利用上述两个分开的模样分别在两个砂箱中进行造型,称为分模造型。其造型过程如图 1.12 所示。

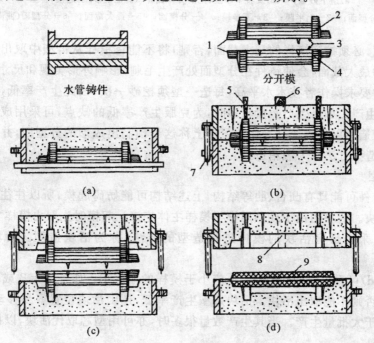

图 1.12　分模造型过程

(a)用下半模造下砂型;　(b)反转下砂型,放上半模,出气口棒,造上砂型;　(c)开箱,起模,开浇道;　(d)下型芯,合型

1—用来制造芯头;　2—上半模;　3—分型面;　4—下半模;　5—出气口棒;　6—浇道棒;

7—合型销;　8—直浇道;　9—型芯

分模造型时,为了方便起模以及设置浇注系统,通常将分模面与分型面重合。分模造型方法广泛用于形状较复杂、带孔腔的铸件,如水管、箱体、曲轴、缸体等。

3. 挖砂造型

当铸件的最大截面不在一端,而模样又不便分模时,如分模后的模样太薄,或分模面是曲面等,则只能将模样做成整模。造型时挖掉妨碍起模的型砂,形成曲面分型面,称为挖砂造型。其造型过程如图 1.13 所示。

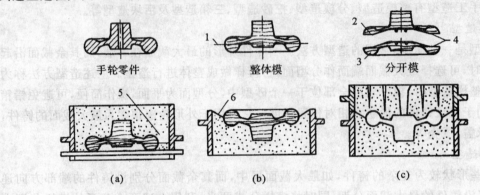

图 1.13　手轮的挖砂造型

(a)造下砂型；　(b)反转下砂型,挖出分型面；　(c)造上砂型,起模,合型
1—分型面；　2—上半膜；　3—下半模；　4—分模面；　5—最大截面；　6—分型面(曲面)

挖砂造型时,必须挖到模样的最大截面,否则,将不能将模样从铸型中取出,此外,若不能准确挖到模样的最大截面,会使铸件在分型面处产生毛刺,影响外形美观和尺寸精度。

挖砂造型时要求操作者技术水平高,每造一型须挖砂一次,因此生产率低,这种方法仅适用于单件、小批生产。如果生产数量较多时,为克服生产率低的缺点,可采用成型底板将模样放在成型底板上造型以省去挖砂操作。习惯上称这个预制出成形的分型面,并起底板作用的砂型为假箱,此造型方法称为假箱造型。

4. 活块造型

对于部分铸件可能具有凸台、肋等结构,上述结构可能妨碍起模,所以往往在模样上将凸台、肋等做成活块。活块用销子或燕尾榫与模样主体连接。起模时先取出模样主体,然后再从侧面取出活块。采用带有活块的模样进行造型的方法,称为活块造型。活块造型过程如图 1.14 所示。

由图 1.14(d)可看出,活块的厚度 A 应小于模样的厚度 B。如果 A＝B 或 A＞B,必须用型芯代替活块,否则不能取出活块。活块造型生产率低,还因活块位置容易移动,影响铸件精度,故它不宜用于大批量生产。当其生产数量很多时,亦可用型芯取代活块,以提高生产率。

5. 三箱造型

当铸件的轮廓为两端截面大、中间截面小时,需将模样从最小截面分模,同时将砂型从两个最大截面分为上、中、下三个砂型方能起模。这种方法称为三箱造型,如图 1.15 所示。根据铸件大小及形状不同,三箱造型顺序可以是下箱—中箱—上箱,也可以是上箱或中箱开始造型,再造下箱。与两箱造型相比,三箱造型分型面数量增加,砂箱易相互错移而影响铸件精度,操作过程较复杂,生产效率较低,一般用于单件、小批生产。三箱造型的中箱是一个特制的砂箱,由于机械造型时,中箱不能被充分紧实,所以三箱造型不能用于机械造型生产。

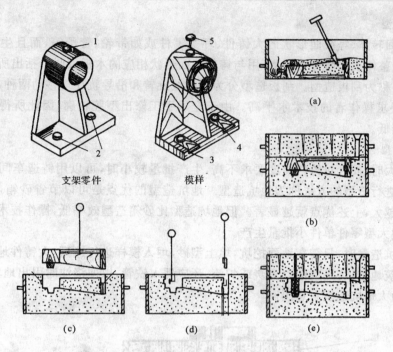

图 1.14　活块造型过程

(a)造下砂型,将活块处的型砂紧实后,拔除活块的销钉,再继续填砂紧实; (b)反转下砂型,并在其上造上砂型;

(c)开型,先起出主体模样; (d)从侧面钩出活块; (e)开浇道,合型

1—油标凸台; 2—螺钉凸台; 3—燕尾; 4—活块; 5—销钉活块

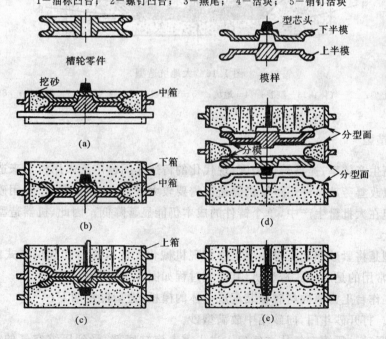

图 1.15　槽轮三箱造型

(a)造中箱; (b)在中箱上造下箱; (c)在中箱和下箱上造上箱;

(d)开上箱,起上半模,再揭开中箱,起下半模; (e)下型芯合型

6．刮板造型

当铸件为回转体、等截面形状的大铸件、环类零件或如带轮、管子等，而且生产数量很小时，为节省制造整体模样所需费用，可用与铸件截面形状相应的木板（刮板）括出所需要的砂型型腔，这种方法称为刮板造型。刮板造型分为绕轴线旋转和沿导轨往复移动两种，刮板造型的生产率很低，要求操作者的技术水平高。由于全靠手工修出型腔轮廓，因此所得到的铸件形状、尺寸精度较低。

7．地坑造型

当铸件较大时，而且对铸造精度要求不高，生产批量较小时，可以用铸造车间的地面或地坑代替下砂箱进行造型的方法称为地坑造型。地坑造型的优点是可以节省砂箱，从而节省工装费用。铸件越大，上述优点就越显著。但地坑造型比砂箱造型效率低，操作技术水平要求较高，故常用于中大型零件单件小批量生产。

小铸件地坑造型时，只需在地面挖坑，填上型砂，埋入模样进行造型，大铸件地坑造型则须用防水材料建筑地坑，坑底应铺以焦炭或炉渣，还应埋入铁管，以便浇注时引出地坑中的气体。图 1.16 所示为大地坑造型示意图。

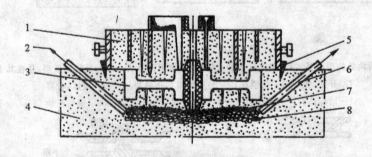

图 1.16　大地坑造型

1—上型；　2—气体；　3—型腔；　4—地坑；　5—定位楔；　6—通气管；　7—稻草垫；　8—焦炭

二、机器造型

为了提高生产效率，提高铸件精度，现代化的铸造车间已广泛采用机器来造型和造芯。机器造型也可以改善劳动条件。尽管机器造型需要较大投资，如设备投资、专用砂箱投资以及厂房投资等。但在大批量生产中，单个铸件的成本仍能显著降低。因此，机器造型（造芯）的使用范围日益扩大。

机器造型是将紧砂和起模等主要工序实现机械化。依据紧砂和起模方式的不同，造型机有许多种，最常用的是震压式造型机，其造型过程如图 1.17 所示。

造型机工作台上为模样与底板装配成一体的模板，造型过程如下：

（1）填砂。打开砂斗门，向砂箱中放满型砂。

（2）震击紧砂。压缩空气从进气口 1 进入震击汽缸底部，受到压缩空气的推力，活塞开始上升，活塞在上升过程中关闭进气口，打开排气口，压缩空气排出，由于重力的作用，工作台与震击汽缸顶部发生一次震击。如此反复进行震击，使型砂在惯性力的作用下被初步紧实。

（3）辅助压实。震击后下层的型砂已经紧实，但是砂箱上层的型砂紧实度仍然不足，还必须进行辅助压实。此时,压缩空气从进气口 2 进入压实汽缸底部,压实活塞带动砂箱上升,在压头的作用下,使型砂受到压实。

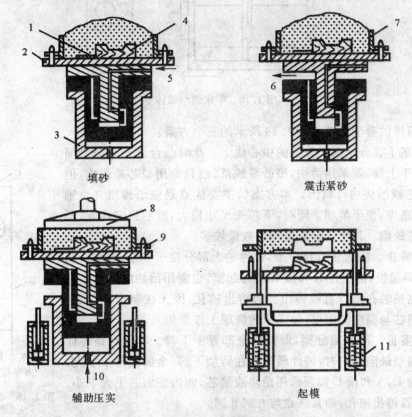

图 1.17　震压造型机的工作过程

1—内浇口；2—底板；3—压实汽缸；4—模样；5—进气口；6—排气口；7—砂箱；

8—压头；9—定位销；10—进气口；11—油缸

(4)起模。当压缩空气推动的压力油进入起模油缸,四根顶杆平稳地将砂箱顶起,从而使砂型与模样分离。

机器造型的优点是：

(1)生产率高；

(2)铸件尺寸精度较高,表明质量好；

(3)劳动条件得到改善。

但机器造型设备及工装投资费用高,多适用于批量生产。此外,机器造型是由专门制造上、下箱的机器配对组成生产线,故不宜用于三箱造型及活块造型。

第四节　造型方法举例

基本造型方法主要是为了解决铸件起模而产生的,同时受到铸件浇注位置及生产批量等条件的制约,故同一铸件常常因条件不同而有多种造型方法可供选择。现对如图 1.18 所示的车床进给箱的铸造工艺的选择进行分析。

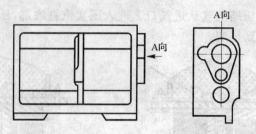

图 1.18 车床进给箱体零件图

进给箱体的分型面有如图 1.19 所示的三个方案：

（1）方案Ⅰ。分型面在轴孔的中心线上。此时凸台 A 因距分型面较近，又处于上箱，若采用活块，型砂易脱落，故只能用型芯来形成，但槽 C 用型芯或活块均可制出。本方案的主要优点是便于铸出九个轴孔，铸后飞翅少，便于清理。同时，下芯头尺寸较大，型芯稳定性好，不易产生偏芯缺陷。其主要缺点是型芯数量较多。

（2）方案Ⅱ。从基准面 D 分型，铸件绝大部分位于下箱。此时，凸台 A 不妨碍起模，但凸台 E 和槽 C 妨碍起模，也需用活块或型芯来克服。其缺点是轴孔难以直接铸出。若铸出轴孔，因无法制出型芯头，必须加大型芯与型壁的间隙，使飞翅的清理工作量加大。

（3）方案Ⅲ。从 B 面分型，即铸件全部置于下箱。其优点是铸件不会产生错型缺陷。同时，铸件最薄处在铸型下部，金属液易于填充。缺点是凸台 E，A 和槽 C 都须采用活块或型芯，而内腔型芯上大下小、稳定性差；若铸出轴孔，则其缺点与方案Ⅱ同。

上述诸方案虽各有其优缺点，但结合具体条件，仍可找出最佳方案。

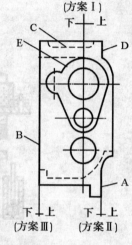

图 1.19 分型面的选择

第五节 铸造用型芯

型芯又称芯子，其主要作用是形成铸件的内腔及孔，有时也用于形成铸件外形上妨碍起模的凸台及凹槽。利用型芯可以将三箱造型改为两箱造型，从而有利于机械造型。对于某些复杂铸件，如图 1.20 所示的水轮机转子属于组芯造型，即砂型全部由型芯拼装组成。

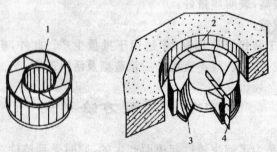

图 1.20 组芯造型

1—铸件；2—地坑；3—叶片型芯；4—样板

一、型芯的结构和特点

浇注时型芯被金属液流冲刷和包围,因此要求型芯有更好的强度、透气性、耐火性和退让性。由于当铸件形成时,型芯存在于铸件的孔及腔中,所以要求型芯易于从铸件内清除。为了满足上述要求,除用性能好的芯砂制芯外,一般还要采取下列工艺措施:

1. 芯骨

芯骨又称型芯骨,由芯砂包裹,其作用是加强型芯的强度。通常芯骨由金属制成。根据型芯的尺寸不同,用来制造芯骨的材料、形状也不同。小型芯的芯骨用铁丝、铁钉制出;大、中型芯的芯骨则用铸铁浇注成与型芯相应的形状。为了保证型芯的强度,芯骨应伸入型芯头,但不能露出型芯表面,应有 20～50mm 的吃砂量,以免阻碍铸件收缩。大型芯骨还须做出吊环,以利吊运。型芯的结构如图 1.21 所示。

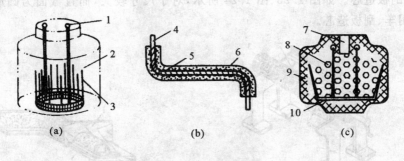

图 1.21　型芯的结构
(a)型芯骨;　(b)用腊线通气;　(c)用焦炭通气
1—吊坏;　2—型芯;　3—型芯骨;　4—型芯骨;　5—腊线;
6—型芯;　7—型芯通气孔;　8—焦碳;　9—型芯;　10—型芯骨

2. 通气道

为提高型芯透气能力,应在型芯内部做出通气道,型芯上的通气道与砂型上的通气孔贯通。形状简单的小型芯可用通气针开出通气道,形状复杂的型芯可在型芯中埋蜡线,待型芯烘烤时,将蜡熔化,形成通气道,如图 1.21(b)所示;大型芯可用焦炭或炉渣填充在型芯内帮助通气,如图 1.21(c)所示。

3. 上涂料及烘干

浇注过程中,型芯将直接接触金属液。在型芯与金属液接触的部位应涂上涂料,可以提高铸件内腔表面质量及精度。根据铸件材料的不同,型芯上的涂料也不一样,如铸铁件用石墨涂料,铸钢件(其金属温度更高)用石英粉涂料。

型芯一般需要烘干以增强透气性和强度。根据芯砂中的成分,选择适当的烘干温度及烘干时间,如黏土砂型芯烘干温度为 250～350℃,保温 3～6h;油砂型芯烘干温度为 200～220℃,保温 1～2h。

二、造芯方法

1. 手工造芯

(1)造芯芯盒。芯盒如图 1.22 所示,将芯砂装入芯盒后紧实,可以形成型芯。大多数型芯都是在芯盒中制造的。当单件小批量生产型芯可以用木质芯盒成批生产时,为了保证芯盒耐用,芯盒可以用金属制成。

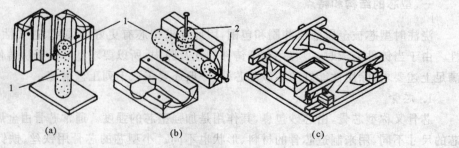

图 1.22　手工造芯用芯盒

(a)垂直分开式；　(b)水平分开式；　(c)拆分式

(2)车、刮板造芯。如图 1.23、图 1.24 所示,对于尺寸较大,而且截面为圆形或回转体的型芯,可采用车、刮板造芯。

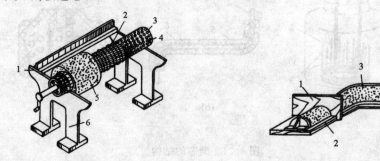

图 1.23　车板造芯

1—车板；　2—草绳；　3—钢管；　4—通气孔；

5—型芯；　6—车板架

图 1.24　导向刮板造芯

2. 机器造芯

大批量生产时,可以用机械造型芯。机械造芯也可以提高生产率及保证型芯质量。

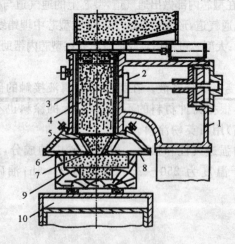

图 1.25　射砂紧实造芯

1—储气筒；　2—射砂阀；　3—机壳；　4—射砂筒；　5—射砂头；　6—底板；

7—射砂孔；　8—排气孔；　9—芯盒；　10—压紧缸

机器造芯最常用的是吹芯机或射芯机。如图 1.25 所示,开始时,将芯盒 9 置于工作台上,并向压紧缸 10 通入压缩空气,使芯盒上升,以便与底板 6 压紧。射砂时,打开射砂阀 2,使储气筒 1 中的压缩空气通过射砂筒 4 上的缝隙进入射砂筒内,于是型芯砂形成高速的砂流从射砂孔 7 射入芯盒,并将砂紧实,而空气则从射砂头上的排气孔 8 排入大气。可见,射砂紧实是将填砂与紧砂两个工序同时完成,故生产率很高。射砂紧实不仅用于造芯,也开始用于造型。

三、铸型中型芯的定位

浇注时,型芯将受到金属液的冲击,为了防止金属液移动型芯位置,型芯主要靠型芯头在铸型中定位。为了在铸型中形成型芯座,模样上必须具有突出部分。型芯座用来放置型芯头,从而使型芯定位。

通孔铸件常采用垂直或水平型芯如图 1.26(a)(b)所示,而盲孔铸件可采用吊芯或悬臂型芯如图 1.26(c)(d)所示。

通常型芯座的直径大于型芯头的直径,主要是为了便利下芯。型芯头与型芯座之间多留有间隙 S,如图 1.26(a)所示。由于两者之间间隙的存在,浇注过程中,型芯将在型腔中移动,所以上述间隙会降低铸孔的尺寸精度。

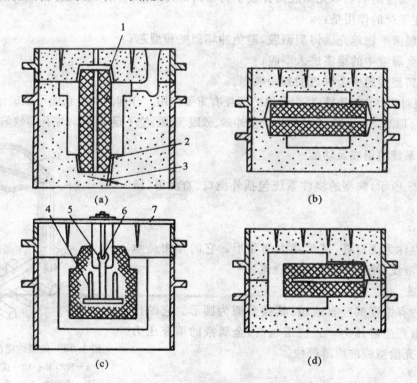

图 1.26 型芯的定位方式

(a)垂直型芯; (b)水平型芯; (c)吊芯; (d)悬臂型芯

1—上芯片; 2—下芯头; 3—芯骨; 4—吊环; 5—螺栓; 6—横梁

对于某些特殊形状的铸件,型芯头不足以使型芯定位时,可使用型芯撑,如图 1.27 所示,型芯撑的形状应与型芯吻合,其材料应与铸件相同,并要镀锌、烘干,其在浇注后能与铸件熔焊在一起。如果在铸件中有型芯撑,其熔焊处的致密性较差,容易引起铸件渗漏。所以,型芯撑不宜用于要求承压的、密封性好的铸件。

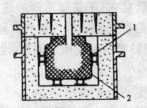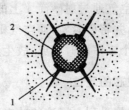

图 1.27　型芯撑及其应用
(a)用双面型芯撑支撑大型芯;　(b)用单面型芯撑支撑型芯
1—芯撑;　2—型芯

第六节　浇注系统

为保证金属液能顺利填充型腔而开设于铸型内部的一系列用来引入金属液的通道称为浇注系统。浇注系统的作用是:

(1)使金属液平稳地充满铸型型腔,避免冲坏型壁和型芯;

(2)阻挡金属液中的熔渣进入型腔;

(3)调节铸型型腔中金属液的凝固顺序。

浇注系统对获得合格铸件、减少金属的消耗有重要作用。合理的浇铸系统可以确保得到高质量的铸件;不合理的浇注系统,会使铸件产生冲砂、砂眼、渣眼、浇不足、气孔和缩孔等缺陷。

一、浇注系统的组成及功能

如图 1.28 所示,典型的浇注系统包括外浇口、直浇道、横浇道、内浇道。

1. 外浇口

外浇口也称为浇口杯,其形状为漏斗形。它的作用是承接、缓冲金属液流,使之平稳流入直浇道。

2. 直浇道

直浇道为有锥度的竖直通道,其横截面为圆形。它的作用是使金属液产生静压力。直浇道越高,金属液的填充压力越大,越容易充满型腔的细薄部位。

3. 横浇道

横浇道的横截面多为梯形。它的作用是阻挡熔渣和减缓金属液流的速度,使之平稳地分流至内浇道。横浇道多开在内浇道上面,末端应超出内浇道 20～30mm,用来集渣。

4. 内浇道

内浇道横截面多为扁梯形或三角形,是金属液直接流入型腔的通道。内浇道的作用是控制金属液流入型腔的方向和速度,调节铸件各部分的冷却速度,由此可见,对铸件质量影响很

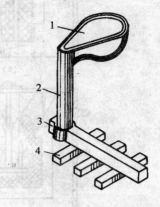

图 1.28　典型的浇注系统
1—浇口杯;　2—直浇道
3—横浇道;　4—内浇道

大。所以,内浇道的开设应注意下列要点:

(1)内浇道不应开在铸件的重要部位,如重要加工面和定位基准面,因内浇道处的金属液冷却慢,晶粒粗大,力学性能差;

(2)内浇道的方向不要正对砂型壁和型芯,以防止铸件产生冲砂及黏砂缺陷。

二、内浇道位置的确定

内浇道与型腔连接位置有不同方式。其主要依据是铸件形状、大小、铸造合金种类及造型方法的不同,通常的内浇道位置主要为:

1. 顶注式

如图 1.29(a)所示,内浇道设在铸件顶部,顶注式浇道可以保证金属液自上而下流入型腔,其特点是有利于金属液充满型腔和补充铸件收缩,但不平稳,会引起金属飞溅、吸气、氧化及冲砂等弊病。所以,顶注式适用于高度较小、形状简单的薄壁件。易氧化合金铸件不宜采用顶注式。

2. 底注式

如图 1.29(b)所示,内浇道设在型腔底部。金属液从下而上平稳充型,其特点是:易于排气,但是底注式浇道使型腔上部的金属液温度低,而下部高,所以补缩效果差。底注式多用于易氧化的非铁金属铸件及形状复杂、要求较高的黑色金属铸件。

3. 中间注入式

如图 1.29(c)所示,内浇道设于型腔中间。中间注入式内浇道位于两箱造型的分型面上,开浇道操作方便,应用较广泛。

4. 阶梯式

如图 1.29(d)所示,沿型腔不同高度开设内浇道。金属液首先从型腔底部充型,待液面上升后,再从上部充型。其特点是兼有顶注式和底注式的优点,但开浇道操作比较复杂,适用于高度较高的复杂铸件。

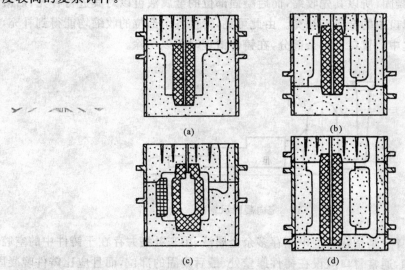

图 1.29 内浇道沿型腔高度位置的注入方式

(a)顶注式; (b)底注式; (c)中间注入式; (d)阶梯式

三、其他形式的浇注系统

根据铸件的形状、大小、壁厚及对铸件质量要求不同，还可选用其他形式的浇注系统，如图1.30所示。

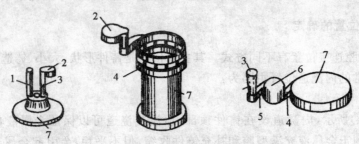

图1.30　其他形式的浇铸系统

1—出气口；2—浇口杯；3—直浇道；4—内浇道；5—横浇道；6—集渣包；7—铸件

第七节　冒口和冷铁

一、冒口

缩孔和缩松是常见的铸造缺陷。缩孔和缩松都使铸件的力学性能下降，而且缩松还可使铸件因渗漏而报废，因此，应采取适当的工艺措施予以防止。只要能使铸件实现顺序凝固，通常可获得没有缩孔的致密铸件。

所谓顺序凝固就是在铸件上可能出现缩孔的厚大部位安放冒口，使铸件远离冒口的部位如图1.31中Ⅰ先凝固；接着是靠近冒口部位如图中Ⅱ，Ⅲ凝固；最后才是冒口本身的凝固。根据上述分析可知，Ⅰ先凝固，所以其先收缩，而后凝固部位的金属液可以对其进行补充；后凝固部位Ⅱ，Ⅲ的收缩，由冒口中的金属液补充。由此可见，铸件各个部位的收缩均能得到补充，从而将缩孔转移到冒口之中。冒口是多余部分，在铸件清理时予以切除。

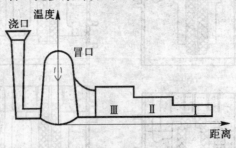

图1.31　定向凝固示意图

由上述分析可知，冒口是指在铸型中储存多余金属液，用来补缩并存在于铸件中的空腔。

根据上述分析可知，通常冒口应设在铸件厚壁处、最后凝固的部位，而且应比铸件晚凝固。冒口形状多为圆柱形或球形。常用的冒口分为两类，如图1.32所示。

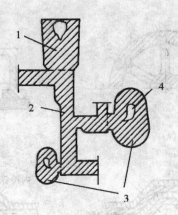

图 1.32　明冒口和暗冒口

1—明冒口；　2—铸件；　3—暗冒口；　4—缩口

1. 明冒口

当冒口的上口露在铸型外时称为明冒口。明冒口的优点是：

(1)从明冒口中可以看到金属液冒出时,即表示型腔被浇满；

(2)有利于型内气体排出。

明冒口的缺点是消耗金属液多,金属液与空气接触。

2. 暗冒口

将位于铸型内的冒口称为暗冒口。浇注时看不到金属液冒出。其优点是：

(1)散热面小,补缩效率比同体积明冒口高；

(2)利于减小金属消耗。

二、冷铁

如图 1.33 所示,为了防止缩孔等铸造缺陷,可以通过放置冷铁的方法实现顺序凝固。冷铁是用来控制铸件凝固的激冷金属,常用钢和铸铁作为冷铁。砂型中放冷铁的作用是加大铸件厚壁处的凝固速度,消除铸件的缩孔和提高铸件的表面质量,如提高硬度与耐磨性。冷铁可单独用在铸件上,亦可与冒口配合使用,以减少冒口尺寸或数目。

冷铁有两类：

1. 外冷铁

外冷铁埋入砂型中,其某一表面形状与该处的砂型相同,浇注时该表面与铸件表面接触,从而起激冷作用,外冷铁表面上通常涂有涂料,所以不会与铸件熔接,落砂时与砂型一起清出,可重复使用。

2. 内冷铁

内冷铁置于型腔内,浇注后,它被高温金属液熔合留在铸件中。由此可见,内冷铁的激冷作用大于外冷铁。但为了保证与铸件熔合,不仅内冷铁的材料应与铸件相近,而且要严格控制其尺寸大小和去除锈蚀、油污及水分。它仅用在不重要的厚壁实心铸件,如铁砧、哑铃等。

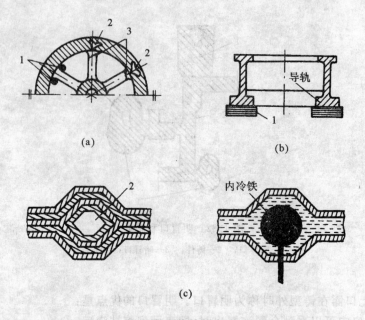

图 1.33　冷铁的应用

（a）用外冷铁消除缩孔及裂纹；　（b）用外冷铁消除缩孔提高导轨面的耐磨性；　（c）用内冷铁消除缩孔

1—外冷铁；　2—缩孔；　3—裂纹

第八节　铸造合金的熔炼

常用的铸造合金有铸铁、铸钢和铸造非铁合金，其中铸铁是应用最多的合金。合金熔炼是为了最经济地获得温度和化学成分合格的金属液。

一、铸铁的熔炼

铸铁是含碳质量分数为 $2.7\%\sim3.6\%$、含硅质量分数为 $1.1\%\sim2.5\%$，以铁为主的铁碳合金。铸铁中的碳有两种形态，即渗碳体（Fe_3C）和石墨。碳以渗碳体存在时，铸铁的断口呈银白色，称为白口铸铁。碳以石墨存在时，铸铁的断口呈暗灰色，称为灰铸铁。铸铁中含 C、Si 量少，或冷却速度大，则易得到白口铸铁。白口铸铁脆性大，硬度极高，很难切削加工，其应用范围有限。灰铸铁易于铸造和切削加工，它的抗拉强度和塑性低于钢，但其耐磨性、减振性好，因此得到广泛应用。铸铁可用反射炉、电炉或冲天炉熔炼。目前我国以冲天炉应用最广泛。

1. 冲天炉的结构

冲天炉是圆柱形井式炉炉身，烟囱由钢板制成，内砌耐火砖。炉身上部有加料口、烟囱，下部有风带，风带内侧有几排风口与炉身相通，每排风口数量有多个，沿炉身圆周均匀分布，最下面一排称为主风口，其他各排称为辅助风口。鼓风机鼓出的风经风管、风带、风口进入炉内供焦炭燃烧用。风口以下为炉缸，熔炼的铁水经炉缸流入前炉，前炉的作用是储存铁水，前炉下部有出铁口，侧上方有出渣口。炉身一般装设在炉底板上，炉底板用四根炉脚支撑。炉底板上装有炉底门，炉底门关闭后，用支柱支撑。冲天炉的大小以每小时能熔炼多少铁水的吨位表示。常用冲天炉的大小为 $1.5\sim10$ t/h。

2．炉料

（1）新生铁主要是不同成分的铸造生铁。

（2）回炉铁包括浇冒口、废铸件等。充分利用回炉料可降低铸件成本，但回炉料过多，会降低铸铁的性能。

（3）废钢可降低铁水含碳量，提高铸件的力学性能。

（4）铁合金包括硅铁、锰铁、铬铁和稀土合金等，用以调整化学成分或生产合金铸铁。

各种金属料的加入量应根据铸件的成分及性能要求，同时考虑熔炼中元素的烧损进行配料计算，并且炉料的块度不宜过大，以防止卡料影响正常熔炼。

3．燃料

冲天炉的主要燃料是焦炭。用于熔铁的焦炭含固定碳较高，含挥发物、灰分、硫较少，并有一定的块度要求。炉中底层最先加入的焦炭称为底焦。以后随每批炉料加入的焦炭称为层焦。底焦须承受上面整个炉料的压力，故要用大块的焦炭。

4．熔剂

熔炼过程中，金属料的氧化烧损、炉衬被侵蚀及焦炭中的灰分等均会形成高熔点的炉渣，必须加入熔剂，降低渣的熔点，提高流动性，使之不黏在底焦上，并易于与铁水分离，顺利地从出渣口排出。常用的熔剂是石灰石（$CaCO_3$）或萤石（CaF_2）等。

5．冲天炉熔炼原理及基本操作

（1）熔炼原理。冲天炉熔炼铸铁是根据热对流传导的原理进行的，即在高温炉气上升和炉料从加料口下降的过程中，产生对流热交换，炉料不断吸收炉气中的热量。同时，鼓风机送入炉内的风，从下部风口上升，使底焦燃烧，产生大量的热，底焦顶面的铸铁熔炼温度约为 1 200℃。熔炼后的铁水沿底焦的缝隙滴往炉缸，并同时被高温炉气和炽热的焦炭再次加热（称为过热）。铁水滴可被过热到 1 500℃，然后流入前炉。熔炼后的铁水成分与原来配料成分有所变化，碳、硫增加，硅、锰烧损。

（2）基本操作。

1）修炉。用耐火砖、耐火泥将冲天炉各处损坏的部位修补好，然后闭上炉底门，在炉底门上用旧砂捣实向出铁口倾斜 5°～7°。

2）点火烘干。从炉后的工作门放入刨花、木屑，点火，并关闭工作门，再从加料口加入木材烘炉。

3）加底焦。木柴烧旺后，分 2～3 次加入底焦，底焦高度应控制在主风口以上 0.6～1m 处。底焦全部烧着后继续鼓风几分钟，将灰分吹掉，并烧旺底焦，才停止鼓风。

4）加料。每批炉料按熔剂、金属料和层焦依次加入，直到平齐加料口为止。每批炉料中层焦的加入量，是根据 1kg 焦炭可熔炼 8～12kg 铁来确定，焦铁比为 1∶8～1∶12。熔剂的加入量约为层焦的 20％～30％。

5）鼓风熔炼。打开风口放出风管内残留的 CO 气体，待炉料预热 15～30min 再鼓风，然后关闭风口。鼓风后 5～10min 铁料就开始熔炼。最初熔炼的铁水温度低、质量差，须放出，待温度提高后，即用耐火泥堵塞住出铁口。在熔炼过程中要勤通风口，保持风口发亮。同时应保持炉料与加料口齐平，维持底焦高度不变，使铁料熔炼所消耗的底焦，被上面的层焦所补充，以控制铁水的温度及成分。

6）出渣、出铁。当前炉内积存较多数量铁水时，可通过出渣口放出熔渣，然后通过出铁口放出铁水,铁水温度约为 1 300~1 400℃左右。

7)停风、打炉。估计铁水量够浇完剩余铸型时,便停止加料和鼓风。放完铁水和熔渣,打开炉底门,使剩余底焦及炉料落下,并用水熄灭。

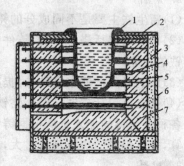

图 1.34 电阻坩埚炉示意图
1—坩埚; 2—托板; 3—隔热层;
4—电阻丝; 5—炉壳; 6—耐火砖

二、铸造非铁合金的熔炼

铸造非铁合金主要包括铜、铝、镁及锌合金等。它们大多熔点低、易吸气和氧化,多用坩埚炉熔炼,如图 1.34 所示。铜合金多用石墨坩埚,铝合金常用铸铁坩埚。熔炼时,合金置于用焦炭、油或电加热的坩埚中,并用熔剂覆盖,靠坩埚的热传导使合金熔化。最后还需将去气剂或惰性气体通入熔好的金属液中,进行去气精炼。精炼完毕,立即取样浇注试块。如试块上表面不向外发胀,而是缩凹,即表示已去净气体。

第九节　浇注及铸造后处理

一、合型

合型是浇铸之前将上型、下型、型芯等组成一个完整铸型的操作过程。合型是决定铸型型腔形状及尺寸精度的关键工序,如操作不当,会造成跑火、错箱、塌箱等铸造缺陷。合型步骤如下:

(1)吹净型腔,将型芯装入型腔,并使型芯通气道与砂型通气道相连接,从而保证气体能从砂型中排出。为了保证铸件质量,同时还要用泥条或干砂密封芯头与芯座的间隙以防止金属液从间隙中流入芯头端面,堵塞型芯通气道。

(2)防止浇注时金属液的浮力将上箱抬起,造成跑火(金属液从分型面流出),合型后在上箱上加压铁等重物,或用夹具夹紧上、下箱。

二、浇注

将金属液从浇包注入铸型型腔的操作称为浇注。

浇注对铸件质量有很大的影响,是铸造生产的重要环节。浇注不当,可能引起浇不足、冷隔、胀箱、气孔、缩孔和夹渣等铸造缺陷。

为了确保安全,浇注前应使浇注场地通畅、地面干燥无积水,防止铁水遇水引起爆炸。浇注时应控制好浇注温度和浇注速度。浇注温度与合金种类、铸件大小和壁厚有关,一般中小铸铁件浇注温度为 1 200~1 350℃。浇注速度应适中,开始慢浇,减少金属液流对砂型的冲击,而且有利于型中气体逸出,防止铸件产生气孔。中间快浇可防止冷隔。型腔快浇满时应慢浇,以减少对上砂型的抬箱力。

三、落砂

当金属液在铸型型腔中冷却、凝固后,将铸件从铸型中取出的过程称为落砂。落砂操作包括手工操作及机械操作两种。单件生产用手工落砂,成批大量生产用落砂机落砂。

落砂应注意铸件温度和凝固时间,过早落砂,即使铸件已凝固,也会使铸件急冷而产生白口(对于铸铁件)、变形和裂纹等铸造缺陷。铸件在砂型中冷却的时间,与铸件的大小、重量、形状、壁厚及所用的金属材料性质有关。一般小于10kg的铸件,浇注1h左右就可落砂。通常体积大、壁厚的铸件冷却时间较长,合金钢铸件比碳钢铸件的冷却时间长。

四、铸件的清理

铸件从铸型中取出后,必须对其进行清理。清理铸件主要包括去除浇冒口、清除型芯及芯骨、清除铸件表面的黏砂及飞边、毛刺等。

铸铁件比较脆,可用锤子敲掉浇冒口。敲打浇道时应注意锤击方向如图1.35所示,以免将铸件敲坏。

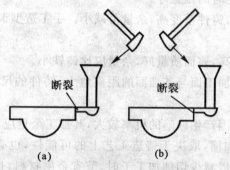

断裂　　　　　断裂

(a)　　　　　(b)

图1.35　用锤敲击浇冒口时应注意方向
(a)正确; (b)错误

铸件的表面清理一般用钢丝刷、錾子、风铲、手提式砂轮等工具进行手工清理。规模较大的铸造车间,可用机械代替手工清理,从而改善了劳动条件、也充分提高了生产效率。清理滚筒是最简单、应用最普遍的清理设备,如图1.36所示,滚筒内装有高硬度的白口星铁,滚筒转动时,星铁对铸件碰撞、摩擦,使得铸件表面清理干净。清理过程中的灰尘可由抽风口抽走。

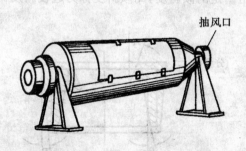

抽风口

图1.36　清理滚筒

第十节　铸造工艺图

绘制合理的铸造工艺图是生产合格铸件的前提条件之一。铸造工艺图与零件图有所不同。铸造工艺图是在零件图上用规定的符号绘出铸造工艺的部分或全部内容。为了绘制合理的铸造工艺图,在铸造工艺方案初步确定之后,还必须选定铸件的机械加工余量、起模斜度、收缩率、型芯头尺寸等工艺参数。

一、机械加工余量和最小铸孔

在铸件上为切削加工而加大的尺寸称为机械加工余量。如果加工余量过大,切削加工费工时,且浪费金属材料;如果余量过小,有时会因零件上残留黑皮而报废,或者,因铸件表层过硬而加速刀具磨损。

机械加工余量的具体数值取决于铸件的生产批量、合金的种类、铸件的大小、加工面与基准面的距离及加工面在浇注时的位置等。

(1)如果采用机器造型,铸件精度高,余量可减小。手工造型误差大,余量应加大。铸钢件表面粗糙,余量应加大。

(2)非铁合金铸件价格高,表面质量好,余量应比铸铁小。

(3)铸件的尺寸愈大或加工面与基准面的距离愈大,铸件的尺寸误差也愈大,故余量也应随之加大。

(4)浇注时朝上的表面因产生缺陷的机率较大,其加工余量应比底面和侧面大。

是否铸出铸件上的孔和槽,取决于铸造工艺上的可能性,也必须考虑其必要性。一般来说,较大的孔、槽应当铸出,以减少切削加工工时、节省金属材料,也可减小铸件上的热节。较小的孔、槽则不必铸出,留待加工反而更经济。灰铸铁件的最小铸孔(毛坯孔径)推荐如下:单件生产为 30~50mm,成批生产为 15~20mm,大量生产为 12~15mm。对于零件图上不要求加工的孔、槽,无论大小均应铸出。

二、起模斜度

为了使模样(或型芯)顺利从砂型(或芯盒)中取出,如图1.37所示,在制造模样时,凡垂直于分型面的立壁,必须留出一定的倾斜度,此倾斜度称为起模斜度。

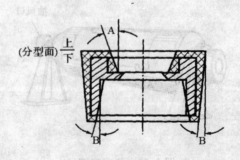

图1.37　起模斜度示意图

起模斜度的大小取决于立壁的高度、造型方法、模样材料等因素,通常为 $15' \sim 3°$。立壁越高,斜度越小。机器造型应比手工造型小,金属模应比木模斜度小。为使型砂顺利从模样内腔中脱出,以形成自带型芯,内壁的起模斜度应比外壁大,通常为 $3° \sim 10°$。

三、收缩率

由于合金的线收缩,铸件冷却后的尺寸将比型腔尺寸略为缩小,为保证铸件应有的尺寸,模样尺寸必须比铸件更大,放大的尺寸称为该合金的收缩量。

通常,灰铸铁为 $0.7\% \sim 1.0\%$,铸造碳钢为 $1.3\% \sim 2.0\%$,铝硅合金为 $0.8\% \sim 1.2\%$。而铸件的实际线收缩率除随合金的种类而异外,还与铸件的形状、尺寸有关。在铸件冷却过程中其线收缩率不仅受到铸型和型芯的机械阻碍,同时还受到铸件各部分之间的相互制约。

四、型芯头

型芯头的形状和尺寸对型芯装配的工艺性和稳定性有很大影响。如图 1.38(a)所示,垂直型芯一般都有上、下芯头,但短而粗的型芯也可省去上芯头。芯头必须留有一定的斜度。下芯头的斜度应小些($5° \sim 10°$),上芯头的斜度为便于合箱应大些($6° \sim 15°$)。如图 1.38(b)所示,水平芯头的长度取决于型芯头直径及型芯的长度。悬臂型芯头必须加长,以防合箱时型芯下垂或被金属液抬起。

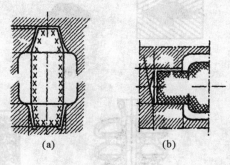

(a)　　　　　(b)

图 1.38 型芯头的构造

五、铸造圆角

为了更易于造型和增加铸件强度,在零件上两壁相交处的角应做成圆角,称为铸造圆角,圆角半径 $R \approx (1/2 \sim 1/3)(a+b)/2$,式中 a,b 为铸件上相邻两壁的厚度。

第十一节 特种铸造

特种铸造是指与普通砂型铸造不同的其他铸造方法。特种铸造方法很多,各有其特点和适用范围,它们从各个不同的侧面弥补了砂型铸造的不足。近些年来,特种铸造在我国得到了飞速发展,其地位和作用日益提高。常用的特种铸造有如下几种,如熔模铸造、金属型铸造、压力铸造、低压铸造、离心铸造、陶瓷型铸造、实型铸造等,每种特种铸造方法均有其优越之处和适用的场合。

一、熔模铸造

1. 熔模铸造的工艺过程

熔模铸造的工艺过程包括蜡模制造、型壳制造、熔烧和浇注等步骤工度,如图1.39所示。

(1)蜡模制造。制造蜡模要经过如下程序:

1)压型制造。如图1.39(a)所示,压型是用来制造单个蜡模的专用模具。压型一般用钢、铜或铝经切削加工制成,这种压型的使用寿命长,制出的蜡模精度高,制造成本高,生产准备时间长,主要用于大批量生产。对于小批量生产,压型还可采用易熔合金(Sn,Pb,Bi等组成的合金)、塑料或石膏直接向模样上浇注而成。

2)蜡模的压制。如图1.39(b)所示,将蜡料加热到糊状后,在2~3个大气压力下,将蜡料压入压型内,待蜡料冷却凝固后可从压型内取出,然后修去分型面上的毛刺,即得到如图1.39(c)所示的单个蜡模。

3)蜡模组装。熔模铸件一般均较小,为提高生产率、降低成本。如图1.39(d)所示,通常将若干个蜡模焊在一个预先制好的浇口棒上构成蜡模组,从而可实现一型多铸。

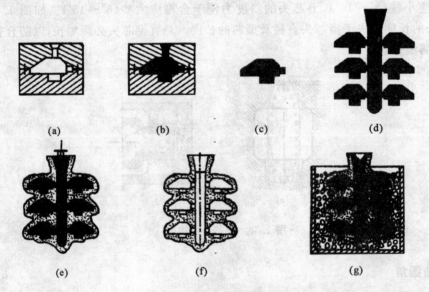

图1.39 熔模铸造

(a)压型; (b)注蜡; (c)单个蜡模; (d)蜡模组; (e)结壳; (f)脱蜡; (g)填砂,浇铸

(2)型壳制造。在蜡模组上涂挂耐火材料,以制成具有一定强度的耐火型壳的过程。由于型壳的质量对铸件的精度和表面粗糙度有着决定性的影响,因此结壳是熔模铸造的关键环节。

1)浸涂料。将蜡模组置于涂料中浸渍,使涂料均匀地覆盖在蜡模组的表层。涂料是由耐火材料(如石英粉)、黏结剂(如水玻璃、硅酸乙酯等)组成的糊状混合物。这种涂料可使型腔获得光洁的面层。

2)撒砂。使浸渍涂料后的蜡模组均匀地黏附一层石英砂,以增厚型壳。

3)硬化。为了使耐火材料层结成坚固的型壳,撒砂之后应进行化学硬化和干燥。

如以水玻璃为黏结剂时,将蜡模组浸于 NH_4Cl 溶液中,发生化学反应,析出来的凝胶将石英砂黏得十分牢固。

由于上述过程仅能结成 1～2mm 薄壳,为使型壳具有较高的强度,结壳过程要重复进行 4～6 次,最终制成如图 1.39(e)所示的 5～12mm 的耐火型壳。

为了从型壳中取出蜡模以形成铸型空腔,还必须进行脱蜡。如图 1.39(f)所示,通常是将型壳浸泡于 85～95℃的热水中,使蜡料熔化,并经朝上的浇口上浮而脱除。脱出的蜡料经回收处理后可重复使用。

(3)焙烧和浇注。

1)焙烧。为了进一步去除型壳中的水分、残蜡及其他杂质,在金属浇注之前,必须将型壳送入加热炉内加热到 800～1 000℃进行焙烧。通过焙烧,型壳强度增高,型腔更为干净。

为防止浇注时型壳发生变形或破裂,常在焙烧之前将型壳置于铁箱之中,周围填砂,如图 1.39(g)所示。若型壳强度已够,则可不必填砂。

2)浇注。为提高合金的充型能力,防止浇不足和冷隔缺陷,要在焙烧出炉后趁热(600～700℃)进行浇注。

2. 熔模铸造的优点

(1)由于铸型精密、型腔表面质量好,铸件精度和表面质量高,精度为 IT11～IT14,表面粗糙度值 R_a 为 12.5～1.6μm,因此,熔模铸件可实现少、无切削加工。

(2)铸型是在预热后浇注,故可生产出形状复杂的薄壁小件(最小壁厚为 0.7mm)。

(3)适用于各种合金,由于型壳用耐火材料制成,所以熔模铸造尤其适用于高熔点合金及难切削加工合金,如耐热合金钢、磁钢等。

(4)生产批量不受限制,可单件、小批量,亦可大批量生产。

但熔模铸造的工艺过程复杂,生产周期长,一型只能浇注一次,并且每型需要一个蜡模,因而生产效率低、成本高。还因蜡模强度不高,易受温度影响而变形,故熔模铸造一般不宜铸造大铸件。熔模铸造广泛用于汽轮机、燃气轮机、蜗轮发动机的叶片生产,切削刀具,汽车、拖拉机、纺织机、风动工具和机床等的小型精密、复杂件等。

二、金属型铸造

金属型铸造是将液态合金浇入金属铸型以获得铸件的一种铸造方法。金属型不同于砂型,可以实现一型多铸,通常一个铸型可使用几百次到几万次,又称永久型铸造。

金属型一般用铸铁或铸钢制造。与砂型相比,它没有透气性和退让性,耐火性比砂型低;金属型散热快,对铸件有激冷作用,因此应在金属型上开设排气道,浇注前应将金属型预热,上涂料保护,并严格控制铸件在型中的停留时间,以防止铸件产生气孔、裂纹、白口(对于铸铁件)和浇不足等缺陷。

1. 金属型构造

金属型的结构主要取决于铸件的形状、尺寸,合金的种类及生产批量等。

按照分型面的不同,金属型可分为整体式、垂直分型式、水平分型式和复合分型式。其中,垂直分型式便于开设浇口和取出铸件,也易于实现机械化生产,所以应用最广。金属型依靠出气口及分布在分型面上的许多通气槽排气。为了能在开型过程中将灼热的铸件从型腔中推出,多数金属型设有推杆机构。

铸件的内腔可用金属型芯或砂芯来形成,其中金属型芯用于非铁金属件。为使金属型芯能在铸件凝固后迅速从内腔中抽出,金属型还常设有抽芯机构。对于有侧凹的内腔,为使型芯

得以取出,金属型芯可由几块组合而成。图 1.40
为铸造铝活塞金属型典型结构简图,由图可见,它
是垂直分型和水平分型相结合的复合结构,其左、
右两半型用铰链相连接,以开、合铸型。由于铝活
塞内腔存有销孔内凸台,整体型芯无法抽出,故采
用组合金属型芯。浇注之后,先抽出件 5,然后再
取出件 4 和件 6。

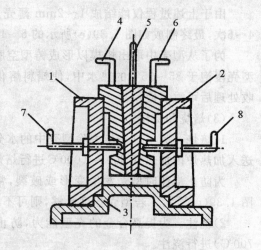

图 1.40　铸造铝活塞简图
1,2—左、右半型;　3—底型;
4,5,6—分块金属型芯;　7,8—销孔金属型芯

2. 金属型的铸造工艺

(1)喷刷涂料。金属型的型腔和金属型芯表
面必须喷刷涂料。涂料可分衬料和表面涂料两
种,前者以耐火材料为主,厚度为 0.2～1.0mm;
后者为可燃物质(如灯烟、油类),每次浇注喷涂一
次,以产生隔热气膜。

(2)金属型应保持一定的工作温度。通常铸
铁件为 250～350℃,非铁金属件为 100～250℃。
其目的是减缓铸型对浇入金属的激冷作用,减少铸件缺陷。同时,因减小了铸型和浇入金属的
温差,故提高了铸型寿命。

(3)适合的出型时间。浇注之后,铸件在金属型内停留的时间愈长,铸件的出型及抽芯愈
困难,铸件的裂纹倾向加大。同时,铸铁件的白口倾向增加,金属型铸造的生产率降低,为此,
应使铸件凝固后尽早出型。通常小型铸铁件出型时间为 10～60s,铸件温度约为 780～950℃。

此外,为避免灰铸铁件产生白口组织,除应采用碳、硅含量高的铁水外,涂料中应加入些硅
铁粉。对于已经产生白口组织的铸件,要利用出型时铸件的自身余热及时进行退火。

3. 金属型铸造的特点和适用范围

金属型铸造的优点:

(1)金属型铸造可"一型多铸",便于实现机械化和自动化生产,从而大大提高生产率;

(2)铸件的精度和表面质量比砂型铸造显著提高(尺寸精度为 IT12～IT16,表面粗糙度值
R_a 等于 25 ～12.5μm);

(3)由于结晶组织致密,铸件的力学性能得到显著提高,如铸铝件的屈服点平均提
高 20%;

(4)金属型铸造还使铸造车间面貌大为改观,劳动条件得到显著改善。

金属型铸造的主要缺点是金属型铸造的制造成本高、生产周期长。同时,铸造工艺要求严
格,否则容易出现浇不足、冷隔、裂纹等铸造缺陷,而灰铸铁件又难以避免白口缺陷。此外,金
属型铸件的形状和尺寸还有着一定的限制。

金属型铸造主要用于铜、铝合金铸件的大批量生产,如铝活塞、气缸盖、油泵壳体、铜瓦、衬
套、轻工业品等。

三、压力铸造

压力铸造简称压铸。它是在高压(5～150MPa)下将液态或半液态合金快速地压入金属铸
型中,并在压力下凝固,以获得铸件的一种方法。

由此可见,高压、高速充填铸型是压铸的两大特点,压射速度为 0.5～50m/s,充型时间为 0.01～0.2s。

1. 压力铸造的工艺过程

压铸是在压铸机上进行的,它所用的铸型称为压型。压型与垂直分型的金属型相似,其半个铸型是固定的,称为静型;另半个可水平移动,称为动型。压铸机上装有抽芯机构和顶出铸件机构。

压铸机主要由压射机构和合型机构组成。压射机构的作用是将金属液压入型腔;合型机构用于开合压型,并在压射金属时顶住动型,以防金属液由分型面喷出。压铸机的规格通常以合型力的大小来表示。

(1)注入金属。如图 1.41(a)所示,先闭合压型,将勺内金属液通过压室上的注液孔向压室内注入。

(2)压铸。如图 1.41(b)所示,压射冲头向前推进,金属液被压入压型中。

(3)取出铸件。如图 1.41(c)所示,铸件凝固之后,抽芯机构将型腔两侧型芯同时抽出,动型向左移开型,铸件则借冲头的前伸动作离开压室。

如图 1.41(d)所示,在动型继续打开过程中,由于顶杆停止了左移、铸件在顶杆的作用下被顶出动型。

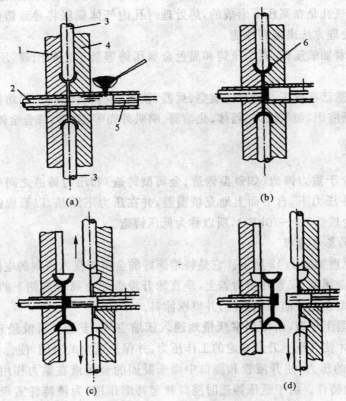

图 1.41　卧式压铸机的工作过程

1—动型;　2—顶杆;　3—型芯;　4—静型;　5—冲头;　6—铸件

为了制出高质量的铸件,压型的型腔精度必须很高、表面粗糙度值要低。压型要采用专门的合金工具钢(如 3Cr2W8V)来制造,并须进行严格的热处理。压铸时,压型应保持 120～280℃的工作温度,并喷刷涂料。

2. 压力铸造的特点和适用范围

(1)压力铸件的精度及表面质量较高(尺寸精度为 IT11～IT13,表面粗糙度值 $R_a = 6.3$～$1.6\mu m$),通常不用机械加工即可使用。

(2)可压铸形状复杂的薄壁件,或直接铸出小孔、螺纹、齿轮等,这是由于压型精密,可在高压下浇注,极大地提高了合金充型能力的原因。

(3)铸件的强度和硬度都较高。因为铸件的冷却速度快,又是在压力下结晶,其表层结晶细密,其抗拉强度比砂型铸造提高 25%～30%。

(4)压铸的生产率较其他铸造方法更高。如我国生产的压铸机生产能力为 50～150 次/h,最高可达 500 次/h。

压铸虽是实现少屑或无屑加工非常有效的途径,但也存有许多不足,主要是:

(1)压铸设备投资大,制造压型费用高、周期长,只有在大批量生产条件下才比较经济。

(2)在压铸高熔点合金(如铜、钢、铸铁)时,压型寿命很低,难以适应。

(3)由于压铸的速度极高,型腔内气体很难排除,厚壁处的收缩也很难补缩,致使铸件内部常有气孔和缩松。因此,压铸件不宜进行较大余量的切削加工,以防孔洞的外露。

(4)由于上述气孔是在高压下形成的,热处理时孔内气体膨胀将导致铸件表面起泡,所以压铸件不能用热处理方法来提高性能。

必须指出,随着加氧压铸、真空压铸和黑色金属压铸等新工艺的出现,压铸的某些缺点有了克服的可能性。

目前,压力铸造已在汽车、拖拉机、航空、兵器、仪表、电器、计算机、轻纺机械、日用品等制造业中得到了广泛应用,如汽缸体、箱体、化油器、喇叭外壳等铝、镁、锌合金铸件生产。

四、低压铸造

低压铸造是介于重力铸造(如砂型铸造、金属型铸造)和压力铸造之间的一种铸造方法。它是使液态合金在压力下,自下而上地充填型腔,并在压力下结晶,以形成铸件的工艺过程。由于所施加的压力较低(20～70kPa),所以称为低压铸造。

1. 低压铸造的基本原理

低压铸造的原理如图 1.42 所示。它是将熔炼好的金属液注入密封的电阻坩埚炉内保温。铸型(通常为金属型)安置在密封盖上,垂直的升液管使金属液与朝下的浇口相通。铸型为水平分型,金属型在浇注前必须预热,并喷刷涂料。

压铸时,先锁紧上半型,向坩埚室缓慢地通入压缩空气,于是金属液经升液管压入铸型。待铸型被填满后,才使气压上升到规定的工作压力,并保持适当的时间,使合金在压力下结晶。然后,撤除液面上的压力,使升液管和浇口中尚未凝固的金属液在重力作用下流回坩埚。最后,开启铸型,取出铸件。由于低压铸造时浇口兼起补缩作用,为使铸件实现自上而下的定向凝固,浇口应开在铸件厚壁处,浇口的截面积也必须足够大。

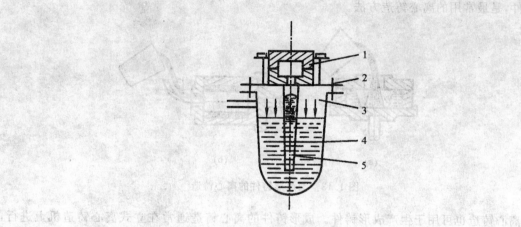

图 1.42 低压铸造

1—铸型； 2—密封盖； 3—坩埚； 4—金属液； 5—升液管

2. 低压铸造的特点和适用范围

低压铸造有如下特点：

(1)充型压力和充型速度便于控制,故可适应各种铸型,如金属型、砂型、熔模型壳、树脂型壳等,由于充型平稳,冲刷力小,且液流和气流的方向一致,故气孔、夹渣等缺陷减少；

(2)铸件组织较砂型铸造致密,对于铝合金铸件针孔缺陷的防止效果尤为明显；

(3)由于省去了补缩冒口,使金属的利用率提高到 90%～98%；

(4)由于提高了充型能力,有利于形成轮廓清晰、表面光洁的铸件。

此外,设备较压铸简单、投资较少。

低压铸造已受到国内外的普遍重视,并取得较快的发展。低压铸造目前主要用来生产质量要求高的铝、镁合金铸件,如汽缸体、缸盖、曲轴箱、高速内燃机活塞、纺织机零件等,并已成功地制出重达 30 t 的铜螺旋桨及球墨铸铁曲轴等。

五、离心铸造

将液态合金浇入高速旋转(250～1 500 r/min)的铸型,使金属液在离心力作用下填充铸型并结晶,这种铸造方法称为离心铸造。

1. 离心铸造的基本工作方式

离心铸造必须在离心铸造机上进行。根据铸型旋转轴空间位置的不同,离心铸造机可分为立式和卧式两大类。

立式离心铸造机上,铸型绕垂直轴旋转。如图 1.43(a)所示,当其浇注圆筒形铸件时,金属液并不填满型腔,这样可自动形成内腔,而铸件的壁厚则取决于浇入的金属量。在立式离心铸造机上进行离心铸造的优点是便于铸型的固定和金属的浇注,但其自由表面(即内表面)呈抛物线状,这样使得铸件上薄下厚。显然,在其他条件不变的前提下,铸件的高度愈高,立壁的壁厚差别也愈大。因此,离心铸造主要用于高度小于直径的圆环类铸件。

卧式离心铸造机上,铸型绕水平轴旋转。由于铸件各部分的冷却条件相近,如图1.43(b)所示,铸出的圆筒形铸件在轴向和径向的壁厚都是均匀的,因此适于浇注长度较大的套筒、管类铸件,是最常用的离心铸造方法。

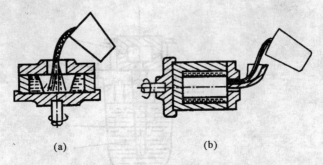

图 1.43　圆筒形铸件的离心铸造

离心铸造也可用于生产成形铸件。成形铸件的离心铸造通常在立式离心铸造机上进行,但浇注时金属液填满铸型型腔,故不存在自由表面。此时,离心力的作用主要是提高金属液的充型能力,有利于补缩,使铸件组织致密。

2. 离心铸造的特点和适用范围

离心铸造具有如下优点:

(1)利用自由表面生产圆筒形或环形铸件时,可省去型芯和浇注系统,因而省工、省料,降低了铸造成本;

(2)在离心力的作用下,铸件呈由外向内的定向凝固,气体和熔渣因密度较金属小而向铸件内腔(即自由表面)移动并得以排除,故铸件极少有缩孔、缩松、气孔、夹渣等缺陷;

(3)便于制造双金属铸件,如可在钢套上镶铸薄层铜材,用这种方法制出的滑动轴承较整体铜轴承节省铜料,降低成本。

离心铸造的不足之处:

(1)依靠自由表面所形成的内孔尺寸偏差大,且内表面粗糙,若需切削加工,须加大余量;

(2)不适于密度偏析大的合金及轻合金铸件,如铅青铜、铝合金、镁合金等,此外,因需要专用设备的投资,故不适于单件、小批量生产。

离心铸造是大口径铸铁管、汽缸套、铜套、双金属轴承的主要生产方法,铸件的最大重量可达 10 多吨。在耐热钢辊道、特殊钢的无缝管坯、造纸烘缸等铸件生产中,离心铸造已被采用。

第二章　锻　造

　　利用金属在外力作用下所产生的塑性变形获得具有一定形状、尺寸和力学性能的原材料、毛坯或零件的生产方法,称为金属压力加工,又称金属塑性加工。

　　锻压生产是机械制造中的重要加工方法之一,属于压力加工范畴,包括锻造和冲压。

第一节　锻造生产过程

　　利用冲击力或压力使金属在砧铁间或锻模中变形,从而获得所需形状和尺寸的锻件,这类工艺方法称为锻造。锻造是金属零件的重要成型方法之一,它能保证金属零件具有较好的力学性能,以满足使用要求。

　　其生产过程一般包括备料、加热、锻造成形及冷却等工序。

一、备料

为了保证锻造时锻件容易产生塑性变形而不开裂,所以适于锻造的金属材料必须具有足够的塑性。通常碳素钢(尤其是低碳钢)、合金钢以及铜、铝等非铁合金均具有良好的塑性。碳素钢的塑性随含碳量增加而降低,所以低碳钢、中碳钢具有良好的塑性,是生产中常用的锻造材料。铸铁塑性很差,在外力的作用下易裂碎,故不能用于锻造。对于有特殊要求的零件,需要合金钢。合金钢的塑性随合金元素的含量增多而降低,锻造时易出现锻造缺陷。

锻造用钢有钢锭和钢坯两种类型。钢坯是钢锭经轧制或锻造而成的,锻造用钢坯多为圆形、方形截面的棒料。钢锭用于大、中型锻件,钢坯用于小型锻件。锻造前应将棒料按需用的大小切成坯料,这个过程称下料。

在生产中,不同成分的钢材应分别堆放,并在每件的端部涂上规定的颜色标志。如常用的Q235 钢涂红色、Q255 钢涂黑色、45 钢涂白加棕色、铬钢涂绿加黄色等。如果钢材发生混淆,应加以鉴别。锻造车间常用火花鉴别法来确定钢材的大致成分。

二、加热

1. 坯料加热的目的及锻造温度范围

加热是为了提高金属坯料的塑性和降低其变形抗力。坯料加热后硬度降低、塑性提高,这样,可以用较小的外力使坯料产生较大的塑性变形而不开裂。加热温度越高,坯料塑性越高,但是温度太高,会产生加热缺陷,如氧化、脱碳、过热、过烧,甚至造成废品。

生产过程中,各种金属材料在某一温度范围进行锻造,锻造时允许加热到的最高温度,称为始锻温度。加热后,坯料在锻造过程中随热量的散失,温度下降,塑性变差,变形抗力提高。当温度降低到一定程度后,不仅锻造费力,而且可能锻裂,此时必须停止锻造,重新加热。各种金属材料锻造的最低温度,称为终锻温度。从始锻温度到终锻温度的温度区间称为锻造温度范围。碳钢的始锻温度比 AE 线低 200℃左右,终锻温度为 800℃左右。终锻温度过低,金属的可锻性急剧变差,使加工难以进行,若强行锻造,将导致锻件破裂报废。几类常用材料的锻造温度范围如表 2.1 所示。

表 2.1 常用材料的锻造温度范围

材料种类	始锻温度/℃	终锻温度/℃
低碳钢	1 200～1 250	800
中碳钢	1 150～1 200	800
碳素工具钢	1 050～1 150	750～800
合金结构钢	1 150～1 200	800～850
铝合金	450～500	350～380
铜合金	800～900	650～700

加热时,金属的温度可用仪表测量,其类型有热电高温计或光学高温计。但锻工一般都用观察金属火色的方法来判断,钢的温度与火色的关系列于表2.2。

表 2.2　钢料火色与温度的关系

火色	亮白	淡黄	橙黄	桔黄	淡红	樱红	暗红	暗褐
大致温度/℃	1 300 以上	1 200	1 100	1 000	900	800	700	600 以下

2. 加热设备

对锻件加热时,根据热源的不同,可以将加热方式分为火焰加热和电加热两大类。前者以烟煤、重油或煤气作燃料,利用燃料燃烧时产生的高温火焰直接加热金属;后者利用电能转变为热能加热金属。

(1)反射炉。燃煤反射炉结构如图 2.1 所示。燃烧室产生的高温炉气越过火墙进入加热室加热坯料,废气经烟道排出。鼓风机将换热器中经预热的空气送入燃烧室。坯料从炉门装取。

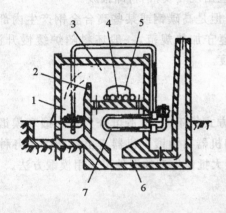 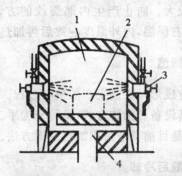

图 2.1　反射炉结构示意图
1—燃烧室;　2—火墙;　3—加热室;
4—坯料;　5—炉门;　6—烟道;　7—换热器

图 2.2　室式重油炉示意图
1—炉膛;　2—炉口;　3—喷嘴;　4—烟道

这种炉的加热室面积大,加热温度均匀,加热质量较好,效率高,适用于中小批量生产。

(2)油炉和煤气炉。室式重油炉的结构如图 2.2 所示。重油和压缩空气分别由两个管道送入喷嘴。压缩空气从喷嘴喷出时所造成的负压将重油带出并喷成雾状,在炉膛内燃烧。煤气炉的构造与重油炉基本相同,主要的区别是喷嘴的结构不同。

(3)电阻炉。电阻炉是利用电流通过加热元件时产生的电阻热间接加热坯料,是常用的电加热设备。电阻炉分为中温电炉和高温电炉。中温电炉的最高加热温度为 1 000℃。高温电炉的加热元件为硅碳棒,最高加热温度为 1 350℃。电阻炉的特点是结构简单,操作方便,炉温及炉内气氛容易控制,坯料氧化较小,加热质量好,主要用于高温合金及高合金钢、非铁合金的加热。

3. 加热缺陷及防止

(1)氧化与脱碳。在高温下,金属坯料的表层与炉气中氧化性气体,如氧、二氧化碳、水蒸气及二氧化硫等发生氧化-还原反应,生成氧化皮,造成金属烧损。金属在燃煤炉中加热,每次氧化烧损量约为坯料质量的 2.5%～4%。在下料计算坯料质量时,应加上这个烧损量。

如果钢在加热设备中长时间加热,由于与高温氧化性炉气长时间接触会造成坯料表层一定深度内碳元素的烧损,这种现象称为脱碳。如果脱碳层小于锻件的加工余量时,对零件没有影响,否则会使零件表层硬度和耐磨性下降。减少氧化和脱碳的方法是在保证加热质量的前提下,快速加热,避免坯料在高温下停留时间过长;在使燃料充分燃烧的条件下,尽可能减少送风量。

(2)过热和过烧。坯料加热超过始锻温度或在始锻温度下保温时间过长,内部晶粒会变得粗大,从而削弱了钢的力学性能,这种现象称为过热。过热的坯料可以在随后的锻造过程中将粗大的晶粒打碎,也可以在锻造以后进行热处理,将晶粒细化。

如果坯料的加热温度远超过始锻温度,材料内部晶界出现氧化和熔化的现象,称为过烧。过烧破坏了晶粒间的结合力,锻打即破碎,因而成为废品,是加热中不可挽救的缺陷。为了避免过热和过烧的缺陷,其方法是严格控制加热温度和高温下的保温时间。

(3)内部裂纹。如果坯料尺寸较大,当加热速度过快或装炉温度过高时,坯料内外将产生较大的温差,导致膨胀不一致,内部产生裂纹。一旦出现裂纹,钢料即报废。

塑性好的金属坯料,一般不会产生内部裂纹。但是高碳钢或某些高合金钢产生内部裂纹的倾向较大。防止产生内部裂纹的方法是严格遵守加热规范,一般坯料随炉缓慢升温,至900℃左右保温,内外温度一致后再加热到始锻温度。

三、锻造

锻造成形是锻造生产的核心过程。按照成形方式的不同,锻造可分为自由锻和模锻。自由锻按其设备和操作方式,又可分为手工自由锻和机器自由锻。机器自由锻能生产各种大小的锻件,是目前普遍采用的自由锻方法。对于小型大批量生产的锻件可采用模锻方法。

四、锻后冷却

锻后冷却是保证锻件质量的重要环节,冷却时应注意防止产生硬化、变形或裂纹等缺陷。常用的冷却方法有三种。

1. 空冷

高温锻件在空气中冷却的方法称为空冷。空冷速度较快,低、中碳钢及合金结构钢的小型锻件多采用空冷。

2. 坑冷

高温锻件放在填有石灰、砂子的地坑(或铁箱)中缓慢冷却的方法称为坑冷。与空冷相比,其速度较慢,常用于合金工具钢锻件。为了提高效率,碳素工具钢锻件应先空冷至 650～700℃,然后再坑冷。

3. 炉冷

高温锻件放入炉中(500～700℃)缓慢冷却的方法称为炉冷,用于高合金钢及大型锻件。冷却速度慢,可以避免锻件冷却过程中产生的变形、裂纹等缺陷。

第二节 自 由 锻

自由锻是利用冲击力或压力使金属在上下两个砧铁之间产生变形,从而获得所需形状及尺寸的锻件。锻造时金属坯料在砧铁间受力变形时,沿变形方向可以自由流动,不受限制。

自由锻生产所用工具简单,具有较大的通用性,因而它的应用范围较为广泛。可锻造的锻件质量由不及 1 kg 到 300 t。在重型机械中,自由锻是生产大型和特大型锻件的唯一成形方法。

一、自由锻设备

锻锤和液压机是自由锻的常用设备。锻锤是依靠产生的冲击力使金属坯料变形,由于能力有限,只用来锻造中、小型锻件。液压机是依靠产生的压力使金属坯料变形。水压机可产生很大的作用力,能锻造质量达 300 t 的锻件,是重型机械厂锻造生产的主要设备。自由锻常用的设备有空气锤、蒸汽-空气锤及水压机等。

1. 空气锤

空气锤由电能直接驱动,操作方便,锤击速度快,作用力呈冲击性,能适应小型锻件,冷却速度快,是中、小型锻工车间广泛应用的一种自由锻锤。空气锤是生产小型锻件及胎模锻造的常用设备,其外形结构如图 2.3 所示。

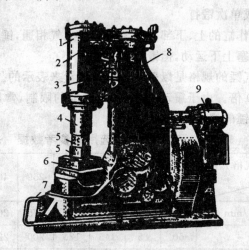

图 2.3 空气锤示意图

1—工作缸; 2—上旋阀; 3—下旋阀; 4—锤杆;

5—砧铁; 6—砧垫; 7—踏杆; 8—压缩缸; 9—电机

(1)结构。空气锤由锤身、压缩缸、工作缸、传动机构、操纵机构、落下部分及砧座等几个部分组成。

锤身和压缩缸及工作缸铸成一体。带轮、齿轮减速装置、曲柄和连杆属于传动机构。手柄(或踏杆)、连接杠杆、上旋阀、下旋阀属于操纵机构。逆止阀安装在下旋阀中,其作用是只准空气作单向流动。落下部分包括工作活塞、锤杆和上砧铁(即锤头)。砧座部分包括下砧铁、砧垫和砧座。

(2)工作原理及基本动作。电动机通过传动机构运动,从而带动了压缩缸内的压缩活塞作往复运动,压缩活塞上部或下部的压缩空气交替地进入工作缸的上腔或下腔,工作活塞便在空气压力的作用下作往复运动,而且带动锤杆、上砧铁进行锻打工作。通过踏杆或手柄,操纵上、下旋阀,可使空气锤完成以下动作:

1)上悬。压缩缸及工作缸的上部都经上旋阀与大气相通,压缩缸和工作缸的下部与大气隔绝。当压缩活塞下行时,压缩空气经下旋阀,冲开逆止阀,进入工作缸下部,使锤杆上升。当压缩活塞上行时,压缩空气经上旋阀排入大气。由于逆止阀的单向作用,可防止工作缸内的压缩空气倒流,使锤头保持在上悬位置。此时,可在锤上进行各种辅助工作,如摆放工件及工具、检查锻件的尺寸、清除氧化皮等。

2)下压。压缩缸上部和工作缸下部与大气相通,压缩缸下部和工作缸上部与大气相隔绝。当压缩活塞下行时,压缩空气通过下旋阀,冲开逆止阀,经中间通道向上,由上旋阀进入工作缸上部,作用在工作活塞上,连同落下部分自重,将工件压住。当压缩活塞上行时,上部气体排入大气,由于逆止阀的单向作用,使工作活塞仍保持有足够的压力。此时,可对工件进行弯曲、扭转等操作。

3)连续锻打。压缩缸与工作缸经上、下旋阀连通,并全部与大气隔绝。当压缩活塞往复运动时,压缩空气交替地压入工作缸的上、下部,使锤头相应地作往复运动(此时逆止阀不起作用),进行连续锻打。

4)单次锻打。将踏杆踩下后立即抬起,或将手柄由上悬位置推到连续锻打位置,再迅速退回到上悬位置,使锤头完成单次锻打。

5)空转。压缩缸和工作缸的上、下部分都经旋阀与大气相通,锤的落下部分靠自重停在下砧铁上。这时尽管压缩活塞上下运动,但锻锤不工作。

(3)规格及选用。空气锤的规格是以落下部分的质量来表示的。锻锤产生的打击力,是落下部分重力的800~1 000倍。由于震动大,受锤身刚度的限制,常用的空气锤落下部分质量一般为50~1 000 kg。锻锤的规格如表2.3所示。

表2.3 空气锤规格选用的参考数据

锤的规格／kg　　铸　件	65	75	150	200	250	400	560	750	1 000
能锻方钢最大断面边长/mm	50	65	130	150	175	200	270	270	280
能锻圆钢最大直径/mm	60	85	145	170	200	220	280	300	400
锻件质量/kg	2	4	6	8	10	26	45	62	84

2. 蒸汽-空气锤

(1)结构。蒸汽-空气锤是利用0.6~0.9MPa的压力蒸汽或压缩空气,经节气阀和滑阀的调节和控制,进入汽缸,推动活塞,完成锤头悬空、压紧和打击等动作。常用的双柱拱式蒸汽-空气锤的外形结构如图2.4所示。

1)机架,即锤身,包括左、右两个立柱,通过螺栓固定在底座上;

2)汽缸,和配气机构的阀室铸成一体,用螺栓与锤身的上端面相连接;

3)落下部分是锻锤工作的执行机构,由活塞、锤杆、锤头和上砧组成;

4)配气操纵机构,由滑阀、节气阀、进气管、排气管、操纵杠杆等组成;

5)砧座部分,由下砧、砧垫、砧座等组成,其质量为落下部分质量的10~15倍,保证锤击时锻锤的稳固。

(2)工作原理及动作。蒸汽(或压缩空气)从进气管进入,经过节气阀以及滑阀中间细颈部分与阀套壁所形成的气道,从上气道进入汽缸的上部,作用在活塞的顶面上,使落下部分向下运动,完成打击动作。此时,汽缸下部的蒸汽(或压缩空气)出下气道从排气管排出。反之,滑阀下行,蒸汽(或压缩空气)通过滑阀的中间细颈部分与阀套壁所形成的气道,由下气道进入汽缸的下部,作用在活塞的环形底面上,使落下部分向上运动,完成提锤动作。此时,汽缸上部的蒸汽(或压缩空气)从上气道经滑阀的内腔由排气管排出。通过节汽阀的开口面积来调节进入汽缸的蒸汽(或压缩空气)压力,由工人操纵手柄,使滑阀处于不同的位置或上下运动,使锻锤完成上悬、下压、单次打击、连续打击以及轻打、重打等动作要求。蒸汽-空气锤需要配备蒸汽锅炉或空气压缩机房及管道系统,较空气锤复杂。它同样具有操作方便、锤击速度快、打击力呈冲击性的特点。由于锤头两旁有导轨,保证了锤头运动的准确性,打击时较平稳,锤杆也可以细一些。落下部分的质量一般为 $1\sim5$ t,适用于中型锻件的生产。根据锻件质量和形状选用蒸汽-空气锤的规格如表 2.4 所示。

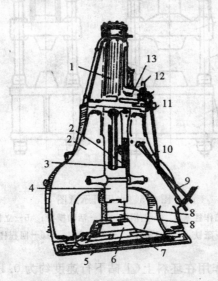

图 2.4　双柱拱式蒸汽-空气锤示意图

1—气缸；2—导轨机架；3—锤杆；4—锤头；5—底座；6—砧垫；7—砧座；
8—砧铁；9—滑阀操纵手柄；10—节气操纵手柄；11—排气管；12—进气管；13—滑阀

表 2.4　蒸汽-空气锤的规格

锻锤落下部分质量/t	锻 件 类 型			
	轴 类 锻 件		方截面锻件	成形锻件的
	最大直径/mm	最大质量/kg	最大边长/mm	最大质量/kg
1	175	250	200	70
2	225	500	250	180
3	275	750	300	320
5	350	1500	450	700

3. 水压机

自由锻水压机广泛采用两缸三梁四柱立式上传动结构。图 2.5 为水压机的典型结构。其基本原理是将高压水通入工作缸,推动工作柱塞,使活动横梁带动上砧沿立柱下压,对坯料施加巨大的压力。回程时,把压力水通入回程缸,通过回程柱塞和拉杆使活动横梁上升,使上砧离开坯料,完成锻压和回程一个循环。

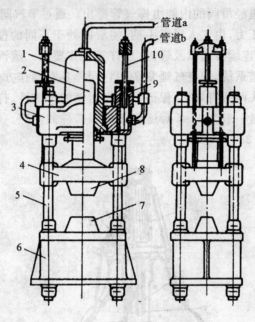

图 2.5 水压机示意图

1—工作缸; 2—工作柱塞; 3—上横梁; 4—活动横梁; 5—立柱; 6—下横梁;

7—下砧铁; 8—上砧铁; 9—回程缸; 10—回程柱塞

水压机工作时以静压力作用在坯料上(上砧下行速度约为 0.1~0.3m/s),因此,工作时震动小,不需要笨重的砧座,劳动条件较好。它可向大吨位发展,我国目前的水压机吨位为 510~12 755 t(5 000~125 000 kN),可以锻压质量为 1~300 t 的锻件。水压机的整个行程均可得到最大压力,作用在坯料上的压力时间较长,有利于锻造,使整个截面的组织得到改善。由于水压机主体庞大,须配备供水和操纵系统。另外,还要有大型加热炉、退火炉、取料机、翻料机和活动工作台等配套设备,因此,造价很高,但它是大型锻件生产必不可少的锻造设备。

二、自由锻基本工序

自由锻的基本工序有镦粗、拔长、冲孔、弯曲、扭转、错移、切割等。其中前三种工序应用最多。

1. 镦粗

镦粗是使坯料高度减小、横截面积增大的工序。它是自由锻生产中最常用的工序。镦粗常用于锻造齿轮坯、凸轮、圆盘形锻件。对于环、套筒等空心锻件,镦粗变形往往作为冲孔前的预备工序,适用于饼类、盘套类锻件的生产。镦粗分完全镦粗和局部镦粗两种,如图 2.6 所示。

镦粗的规则、操作方法和注意事项如下:

(1)镦粗部分的原高度 H_0 与原直径 D_0(或边长)之比(称为高径比)应小于 2.5~3,否则会镦弯。若镦弯,应将工件放平,轻轻锤击矫正。

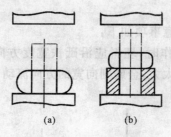

图2.6 镦粗过程示意图

(a)完全镦粗； (b)局部镦粗

(2)坯料的端面应平整并和轴线垂直,为了能够保证均匀镦粗,加热温度要均匀,坯料在下砧铁上要放平,如果上、下砧铁的工作面因磨损而变得不平整,锻打时要不断地将坯料旋转,否则会镦歪,如图2.7(a)所示。镦歪后应将工件斜立,轻打镦歪的斜角如图2.7(b)所示,然后放直,继续锻打如图2.7(c)所示。

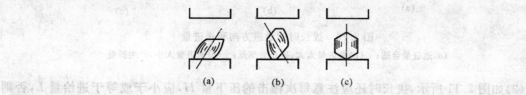

2.7 镦歪的产生及矫正过程示意图

(3)镦粗时锤击力要大,否则会产生细腰形。若不及时纠正,会形成夹层,如图2.8所示。

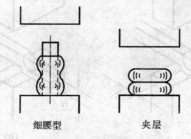

细腰型 夹层

图2.8 细腰形及夹层的产生

2. 拔长

拔长是使坯料横截面积减小、长度增大的工序,如图2.9(a)所示。还可以进行如图2.9(b)所示的局部拔长,如图2.9(c)所示的芯轴拔长等。它适用于轴类、杆类锻件的生产。为达到规定的锻造比和改变金属内部组织结构,锻制以钢锭为坯料的锻件时,拔长经常与镦粗交替反复使用。

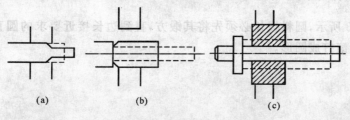

图2.9 拔长过程示意图

(a)拔长； (b)局部拔长； (c)芯轴拔长

拔长的规则、操作方法和注意事项如下：

(1)如图 2.10 所示，拔长操作时，坯料应沿砧铁宽度方向送进。每次送进量应为 0.3～0.7 倍的砧铁宽度。如果送进量太大，金属则向宽的方向流动，使拔长效率降低。送进量太小，又容易产生夹层。

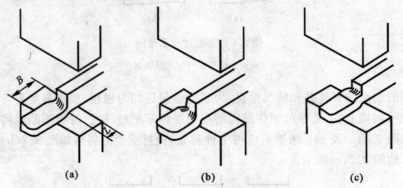

图 2.10　拔长时的送进方向和送进量

(a)送进量合适；　(b)送进量太大，拔长效率低；　(c)送进量太小，产生折叠

(2)如图 2.11 所示，拔长时还应注意每次锤击的压下量 H，应小于或等于进给量 L，否则会产生折叠。

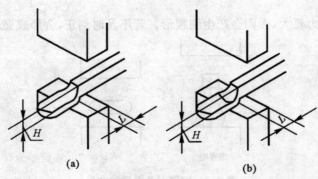

图 2.11　拔长时的压下量

(a)压下量合适，$H \leqslant L$；　(b)压下量太大，$H > L$，产生折叠

(3)局部拔长、锻制台阶轴或带有台阶的方形、矩形截面的锻件时，必须在截面分界处压出如图 2.12 所示的凹槽，此凹槽称为压肩。这样可使台阶平直整齐。压肩深度为台阶高度的 1/2～2/3。

(4)如图 2.13 所示，圆料拔长必须先将其锻方，直到边长接近要求的圆直径时，再将坯料锻成八角形，然后滚打成圆形。

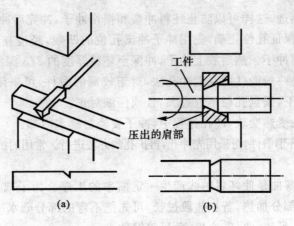

图 2.12 压肩示意图

(a)方料压肩; (b)圆料压肩

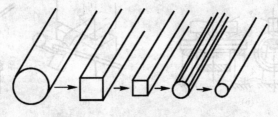

图 2.13 圆料拔长的方法

(5)拔长时应不断翻转坯料,使坯料截面经常保持近于方形。翻转方法如图 2.14(a)所示。采用图 2.14(b)所示的方法翻转时,在锻打每一面时,应使坯料的宽度与厚度之比不要超过 2.5,否则再次翻转后继续拔长时将容易产生弯曲或折叠现象。

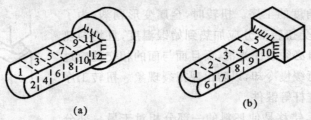

图 2.14 拔长时锻件的翻转方法

(6)在芯轴上拔长时,芯轴要有 1/150~1/100 的锥度,并要采取预热芯轴、涂润滑剂、终锻温度高出同类材料的 100~150℃等措施,以便锻件从芯轴上脱出。

3. 冲孔

冲孔是使坯料具有通孔或盲孔的工序。对环类件,冲孔后还应进行扩孔工作。减小空心毛坯壁厚而增加其内、外径的锻造工序称为扩孔。直径小于 25mm 的孔一般不冲,在切削加工时钻出。冲透孔时,直径小于 450mm 的孔用实心冲头,直径大于 450mm 的孔用空心冲头。冲孔常用于齿轮、套筒、空心轴和圆环等带孔锻件。冲孔的规则、操作过程和注意事项如下:

(1)冲孔前一般需将坯料镦粗,以减小冲孔的深度和使端面平整。

(2)为了保证冲头冲入后坯料仍具有足够的温度和良好的塑性,坯料应加热到允许的最高温度,而且需要均匀热透,这样可以防止坯料冲裂和损伤冲子,冲完后冲子也易于拔出。

(3)冲孔时,为了保证孔位正确,先用冲子冲出孔位的凹痕,经检查凹痕无偏差后,向凹痕内撒煤粉,以顺利拔出冲子。然后放上冲子,冲深至坯料厚度的2/3深度时,取出冲子,翻转坯料,从反面冲透。这是一般锻件的双面冲孔法,对于较薄的锻件,可采用单面冲孔法。单面冲孔时应将冲子大头朝下,漏盘孔径不宜过大,且须仔细对正。

(4)为了防止冲头受热变软,冲孔过程中,冲子要经常蘸水冷却。

(5)对于大直径的环形锻件,可采用先冲孔,再扩孔的办法进行。常用的扩孔方法如图2.15所示。

4. 弯曲

如图2.16所示,弯曲是使坯料轴线产生一定曲率的工序。为了减小变形抗力,弯曲时必须将坯料需要弯曲的部分加热,若加热段过长,可先把不弯的部分蘸水冷却,然后再进行弯曲。弯曲工序常用于链条、吊钩、曲杆、弯板、角尺等锻件。

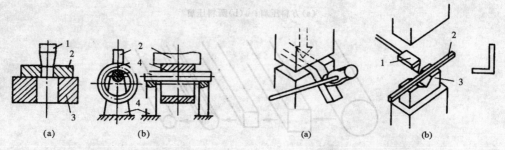

图 2.15　扩孔过程示意图
1—冲头；　2—坯料；　3—垫环；　4—马杠

图 2.16　弯曲过程示意图
(a)角度弯曲；(b)成形弯曲

5. 其他工序

如图2.17所示,扭转是使坯料的一部分相对于另一部分绕其轴线旋转一定角度的工序。扭转时,金属变形剧烈,为了减小变形抗力,要求受扭转部分应加热到始锻温度,且均匀热透。受扭曲变形部分必须表面光滑,而且面与面的相交处应过渡均匀。扭转后注意缓慢冷却,以防出现扭裂现象。扭转工序常用于多拐曲轴和连杆等锻件。

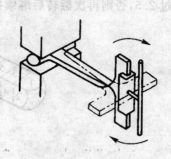

图 2.17　扭转过程示意图

如图2.18所示,错移是使坯料的一部分相对于另一部分平移错开的工序,是生产曲拐或曲轴类锻件所必需的工序。错移开的各部分,仍保持轴线平行错移时,先在错移部位压肩,然后锻打,最后修整。

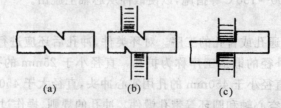

图 2.18　错移过程示意图
(a)压肩；(b)锻打；(c)整修

把坯料或工件切成两段(或数段)的加工方法称为切断。如图 2.19 所示,切断方料时,用剁刀垂直切入坯料,至快断时取出剁刀,将坯料翻转 180°,再用剁刀或克棍切断,如图 2.20 所示,切断圆料时,要在带有凹槽的剁垫中边切割边旋转坯料,直至切断。

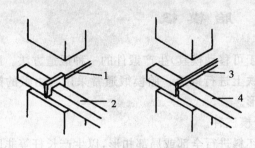 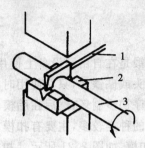

图 2.19　方料的切断过程示意图　　　　　2.20　圆料的切断过程示意图
1—剁刀；2—工件；3—克棍；4—工件　　　1—剁刀；2—剁垫；3—工件

自由锻生产过程中包括辅助工序,主要是指进行基本工序之前的预变形工序,如压钳口、倒角、压肩等,及在完成基本工序之后,用以提高锻件尺寸及位置精度的精整工序。

三、自由锻工艺示例

锻造锻件都要预先制订锻造工艺规程。自由锻的工艺规程应根据锻件的形状、尺寸等要求,参考长期累积的生产实践经验绘制锻件图,确定坯料的尺寸,安排锻造工序,选择锻造设备和吨位以及锻造温度范围等,并将这些内容填在工艺卡上从而进行生产。

其锻造工艺如表 2.5 所示。

表 2.5　齿轮坯自由锻工艺锻件名称

锻件名称	齿轮坯	工艺类别	自由锻
材料	45 号钢	设备	65kg 空气锤
加热火次	一次	锻造温度范围	1 200～800℃

序号	工序名称	使用工具	操作说明
1	镦粗	尖口钳	控制镦粗后的高度为 32mm
2	修边	尖口钳	边轻打边滚动锻件消除鼓形修整外圆
3	冲孔	冲子,漏盘小抱钳(夹冲子)大抱钳(夹工件)	注意冲子对中采用双面冲孔
4	修整外圆	圆口钳冲子	边轻打,边旋转,使外圆达到 $\phi 119 \pm 1$
5	修平面	尖口钳	边轻打,边转动锻件,使锻件厚度不小于 $31 \pm 1mm$

四、自由锻的特点及应用

金属在垂直于压力的方向自由伸展变形,而且其变形工序较为简单,主要由工人操作来控制锻件的形状和尺寸,因此,生产率低,只能锻造形状简单,精度要求不高的工件、而且加工余量大、消耗材料较多。但是,自由锻方便易行,投资少,能生产各种大小锻件(小于 1kg 到 300 t),锻件强度高。对于大型锻件,自由锻是唯一可能的加工方法。自由锻广泛用于品种多、产量少的单件小批量生产,在重型机械制造中具有特别重要的意义。

第三节 胎 模 锻

胎模锻是在自由锻设备上使用胎模(属于可移动模具)生产锻件的一种锻造方法。胎模不固定在锤头或砧铁上,只在使用时放在下砧铁上进行锻造。胎模锻通常采用自由锻的镦粗或拔长等工序初步制坯,然后在胎模内终锻成形。

胎模的种类较多,主要有扣模、筒模及合模三种。

(1)扣模,如图 2.21 所示。扣模用来对坯料进行全部或局部扣形,以生产长杆等非回转体锻件,也可以为合模锻造进行制坯。用扣模锻造时,坯料不转动。

（a）　　　　　　（b）　　　　　　（c）

图 2.21　扣模示意图

(2)筒模,如图 2.22 所示。筒模主要用于锻造齿轮、法兰盘等盘类锻件。组合筒模如图 2.22(c)所示,由于有两个半模(增加一个分模面)的结构,可锻出形状更复杂的胎模锻件,扩大了胎模锻的应用范围。

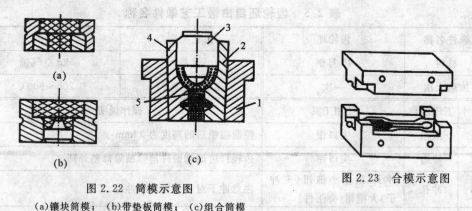

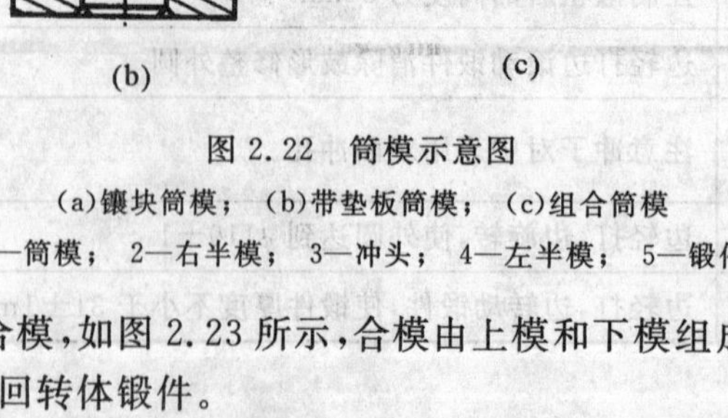

图 2.22　筒模示意图

（a）镶块筒模；（b）带垫板筒模；（c）组合筒模

1—筒模；2—右半模；3—冲头；4—左半模；5—锻件

图 2.23　合模示意图

(3)合模,如图 2.23 所示,合模由上模和下模组成,并有导向结构,可生产形状复杂、精度较高的非回转体锻件。

由于胎模结构较简单,可提高锻件的精度,不需昂贵的模锻设备,扩大了自由锻生产的范围。但胎模易损坏,较其他模锻方法生产的锻件精度低,劳动强度大,故胎模锻只适用于没有模锻设备的中小型工厂中生产中小批量锻件。

此外,胎模也包括摔模、弯模、套模等,其结构如图 2.24 所示。

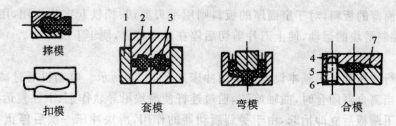

图 2.24　常用胎模结构简图

第四节　板料冲压

板料冲压是利用冲床的外加压力,利用冲模使板料产生分离或变形的加工方法。这种加工方法通常是在室温下进行的,所以又叫冷冲压。只有当板料厚度超过 8～10mm 时,才采用热冲压。

很多制造金属成品的工业部门中,都应用着板料冲压,如汽车、拖拉机、航空、电器、仪表及国防等工业。

冲压的板料必须具有良好的塑性,所以冲压原料为低碳钢薄板、非铁金属,如铜、铝及非金属板料,如塑料板、硬橡胶、纤维板、绝缘纸等适于冲压加工的材料。

板料冲压具有下列特点:

(1)冲压零件形状复杂,且废料较少;

(2)冲压产品具有足够高的精度和较低的表面粗糙度值,冲压件的互换性较好;

(3)能获得重量轻、材料消耗少、强度和刚度都较高的零件;

(4)冲压操作简单,工艺过程便于机械化和自动化,生产率很高,零件成本低。

一、冲压设备

1. 剪床

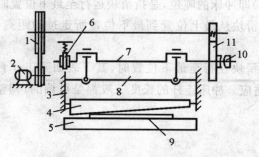

图 2.25　剪床结构及剪切示意图

1—带轮；　2—电机；　3—导轨；　4—上刀片；　5—下刀片；

6—制动器；　7—曲轴；　8—滑块；　9—板料；　10—离合器

剪床是下料用的基本设备,其传动机构如图 2.25 所示。电动机带动带轮和齿轮转动,通过离合器闭合来控制曲轴旋转,从而带动装有上刀片的滑块沿导轨作上下运动,上刀片与装在工作台上的下刀片相剪切而进行工作。上刀片做成斜度为 6°～9° 的斜刃,可以减小剪切力和有利于剪切宽而薄的板料,对于窄而厚的板料则用平刃剪切;挡铁起定位作用,用来控制下料尺寸;制动器控制滑块的运动,使上刀片剪切后停在最高位置,便于下次剪切。

2. 冲床

冲床是进行冲压加工的基本设备。常用冲床如图 2.26 所示。电动机通过减速系统带动大带轮转动。当离合器闭合时,曲轴旋转,通过连杆使滑块沿导轨作上、下往复运动,进行冲压加工。如果踩下踏板后立即抬起,由于受到制动器的作用,滑块冲压一次后停止在最高位置;如果踩下踏板不抬起,滑块就进行连续冲压。

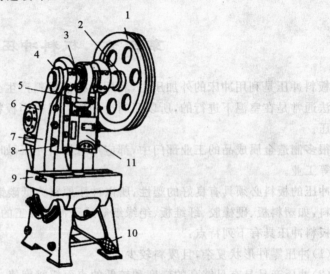

图 2.26 开式双柱冲床示意图

1—带轮; 2—离合器; 3—曲轴; 4—制动器; 5—连杆; 6—电机;

7—床身; 8—导轨; 9—工作台; 10—踏板; 11—滑块

用来表示冲床性能的主要参数为:

(1)公称压力(N 或 t)即冲床的吨位,是指滑块运行至最下位置时所产生的最大压力。

(2)滑块行程(mm),滑块从最上位置到最下位置所走过的距离,滑块行程等于曲柄回转半径的两倍。

(3)闭合高度(mm),滑块在行至最下位置时,其下表面到工作台面的距离。冲床的闭合高度应与冲模的高度相适应。冲床连杆的长度一般都是可调的,调整连杆的长度即可对冲床的闭合高度进行调整。

二、冲压基本工序

1. 分离工序

分离工序是使坯料的一部分与另一部分相互分离的工序,如落料、冲孔、切断和修整等。

(1)落料及冲孔。落料及冲孔是使坯料按封闭轮廓分离的工序。落料时,冲落部分为成品,而余料为废料;冲孔是为了获得带孔的冲裁件,所以冲落部分是废料。

落料及冲孔变形过程:板料的变形和分离过程对落料及冲孔质量有很大影响。如图 2.27 所示,其过程可分为如下三个阶段:

1)弹性变形阶段。冲头(凸模)接触板料继续向下运动的初始阶段,将使板料产生弹性压缩、拉伸与弯曲等变形。板料中的应力值迅速增大。此时,凸模下的板料略有弯曲,凸模周围的板料则向上翘。间隙 c 的数值越大,弯曲和上翘越明显。

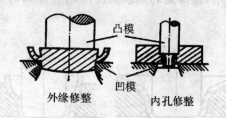

凸模

凹模

外缘修整　　　　　内孔修整

图 2.27　分离工序示意图

2)塑性变形阶段。冲头继续向下运动,板料中的应力值达到屈服极限,板料金属产生塑性变形。变形达到一定程度时,位于凸、凹模刃口处的金属硬化加剧,出现微裂纹。

3)断裂分离阶段。冲头继续向下运动,已形成的上、下裂纹逐渐扩展。上、下裂纹相遇重合后,板料被剪断分离。

冲裁件分离面的质量主要与凸凹模间隙、刃口锋利程度有关,同时也受模具结构、材料性能及板料厚度等因素影响。

(2)修整。修整是利用修整模沿冲裁件外缘或内孔刮削一薄层金属,以切掉冲裁件上的剪裂带和毛刺,从而提高冲裁件的尺寸精度(IT6~IT7),降低表面粗糙度值($R_a = 0.8 \sim 1.6 \mu m$)。修整冲裁件的外形称外缘修整,修整冲裁件的内孔称内孔修整,如图 2.28 所示。

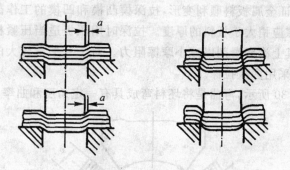

图 2.28　修整示意图

修整的机理与冲裁完全不同,而与切削加工相似。对于大间隙冲裁件,单边修整量一般为板料厚度的 10%;对于小间隙冲裁件,单边修整量在板料厚度的 8% 以下。当冲裁件的修整总量大于一次修整量时,或板料厚度大于 3mm 时,均需多次修整。

外缘修整模的凸凹模间隙,单边取 0.001~0.01mm,也可以采用负间隙修整,即凸模刃口尺寸大于凹模刃口尺寸的修整工艺。

(3)切断。切断是指用剪刀或冲模将板料沿不封闭轮廓进行分离的工序。

剪刀安装在剪床上,把大板料剪切成一定宽度的条料,供下一步冲压工序用。而冲模是安装在冲床上,用以制成形状简单、精度要求不高的平板件。

2. 成形工序

成形工序是使坯料的一部分相对于另一部分产生位移而不破裂的工序,如拉深、弯曲、翻边等。

(1)拉深。如图 2.29 所示,拉深是利用模具使冲裁后得到的平板坯料变形成开口空心零件的工序。

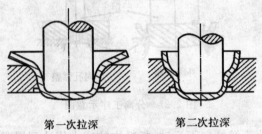

第一次拉深　　　　　第二次拉深

图 2.29　拉深工序示意图

1—坯料;　2—第一次拉深成品,即第二次拉深的坯料;　3—凸模;　4—凹模;　5—成品

其变形过程为:把直径为 D 的平板坯料放在凹模上,在凸模作用下,坯料被拉入凸模和凹模的间隙中,形成空心拉深件。拉深件的底部金属一般不变形,只起传递拉力的作用,厚度基本不变。坯料外径 D 与内径 d 之间的环形部分的金属,切向受压应力作用,径向受超过屈服点的拉应力作用,逐步进入凸模和凹模之间的间隙,形成拉深件的直壁。直壁本身主要受轴向拉应力作用,厚度有所减小,而直壁与底部之间的过渡圆角部位被拉薄得最为严重。

拉深是将冲裁后得到的平板坯料制成杯形或盒形零件的冲压工序,也称拉延。

为了避免拉裂,保证金属板料顺利变形,拉深模凸模和凹模的工作部分应有光滑的圆角,而且其两者之间的间隙应稍大于板料的厚度。拉深时用压板适当压紧板料四周可防止起皱。拉伸时可在板料或模具上涂润滑剂以减小摩擦阻力。对于变形量较大的拉深件,因受每次拉深变形程度的限制,可采用多次拉深。

(2)弯曲。如图 2.30 所示,弯曲是将坯料弯成具有一定角度和曲率的变形工序。

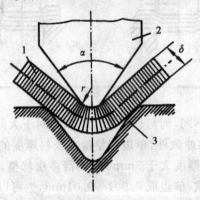

图 2.30　弯曲过程中金属变形简图

1—工件;　2—凸模;　3—凹模

弯曲过程中,板料弯曲部分的内侧受压缩,而外层受拉伸。当外侧的拉应力超过板料的抗

拉强度时，即会造成金属破裂。板料越厚，内弯曲半径 r 越小，则拉应力越大，越容易弯裂。为防止弯裂，最小弯曲半径应为 $r_{min}=(0.25\sim1)\delta$（$\delta$ 为金属板料的厚度）。材料塑性好，则弯曲半径可小些。

（3）翻边。如图 2.31 所示，翻边是在带孔的平坯料上用扩孔的方法获得凸缘的工序。凸模圆角半径 $r_凸=(4\sim9)d$。在进行翻边工序时，如果翻边孔的直径超过允许值，会使孔变形。

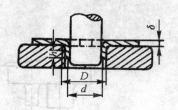

图 2.31　翻边示意图

三、冲压模具

冲压模具（简称冲模）是使板料产生分离或成形的工具。冲模的结构合理与否对冲压件质量、生产率及模具寿命等都有很大的影响。典型的冲模结构如图 2.32 所示。冲模一般分上模和下模两部分。上模通过模柄安装在冲床滑块上，下模则通过下模板由压板和螺栓安装，紧固在冲床工作台上。冲模的组成及其作用：

（1）凸模与凹模。凸模也称冲头，与凹模配合使板料产生分离或成形，是冲模的主要工作部分。

（2）导板与定位销。导板用以控制板料的进给方向，定位销用来控制板料的进给量。

（3）退料板。每次冲压后使凸模从工件或板料中脱出。

（4）模架。由上模板、下模板、导柱和导套等组成。上模板用以固定凸模、模柄等零件。下模板则用以固定凹模、导板和退料板等。导套和导柱分别固定在上、下模板上，用以保证上、下模对准。

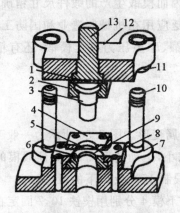

图 2.32　冲模示意图

1—垫板；　2—凸模压板；　3—凸模；　4—退料板；
5—导板；　6—定位销；　7—下模板；　8—凹模压板；
9—凹模；　10—导柱；　11—导套；　12—上模板；
13—模柄

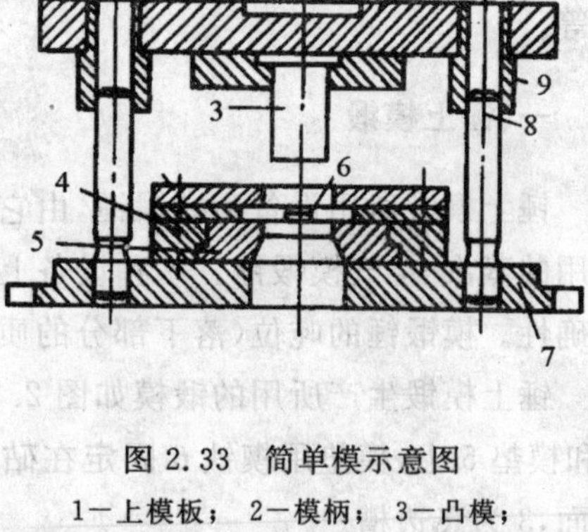

图 2.33　简单模示意图

1—上模板；　2—模柄；　3—凸模；
4—压板；　5—凹模；　6—定位销；
7—下模板；　8—导柱；　9—导套

冲模种类繁多，按工序种类可分为冲裁模、拉深模、弯曲模等。按工序复合程度，又可分为单一工序的简单模、多工序的连续模和复合模。如图 2.33 所示，冲床滑块一次行程只能完成一个工序的简单模。如图 2.34 所示，把两个简单模安装在一块模板上组成的连续模，冲床滑块一次行程中在模具的不同部位同时完成两道工序。图 2.35 所示为落料、冲孔、压型的复合模,在冲床滑块的一次行程中,上模和落料凹模进行落料,随滑块继续下行,冲孔凸模与中心凹模进行冲孔,同时,橡皮与内胎完成拉深成形工序。

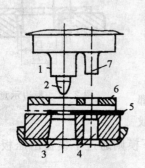

图 2.34　连续模示意图

1—落料凸模;　2—定位销;　3—落料凹模;　4—冲孔凹模;

5—坯料;　6—挡料板;　7—冲孔凸模

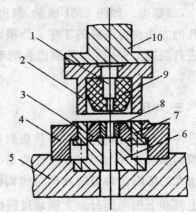

图 2.35　落料、冲孔及拉深的组合冲模

1—冲孔凸模;　2—上模;　3—内胎;　4—落料凹模;

5—底座;　6—下胎;　7—托料面;

8—中心凹模;　9—橡皮;　10—模柄

第五节　模锻工艺方法简介

模锻是使金属坯料在冲击力或压力作用下,在锻模模腔内变形,从而获得锻件的工艺方法。由于金属是在模腔内变形,其流动受到模壁的限制,因而模锻生产的锻件尺寸精确、加工余量较小、结构可以较复杂,而且生产率高。模锻生产广泛应用在机械制造业和国防工业中。模锻按使用的设备不同分为锤上模锻、曲柄压力机上模锻、摩擦压力机上模锻,还有精密模锻等。

一、锤上模锻

锤上模锻所用设备为模锻锤,由它产生的冲击力使金属变形。图 2.36 所示为一般工厂中常用的蒸汽-空气模锻锤。该种设备上运动副之间的间隙小,运动精度高,可保证锻模的合模准确性。模锻锤的吨位(落下部分的质量)为 1～16 t,可锻制 150 kg 以下的锻件。

锤上模锻生产所用的锻模如图 2.37 所示。上模 2 和下模 4 分别用楔铁 10,7 固定在锤头1 和模垫 5 上,模垫用楔铁 6 固定在砧座上。上模随锤头作上下往复运动。9 为模腔,8 为分模面,3 为飞边槽。

模腔根据其功能的不同,分为模锻模腔和制坯模腔两种。

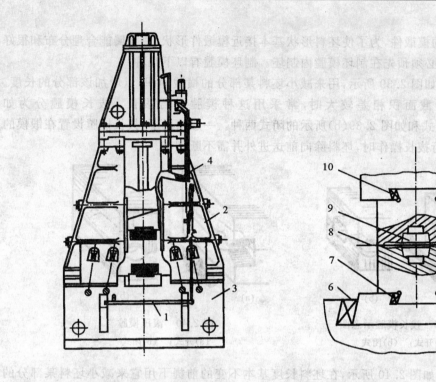

图 2.36　蒸汽-空气模锻锤示意图

1—踏板；2—机架；3—砧座；4—操纵杆

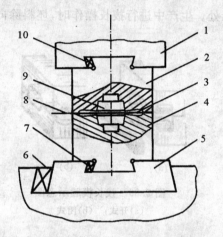

图 2.37　锤上模锻所用的锻模

1. 模锻模膛

由于金属在此种模膛中发生整体变形,故作用在锻模上的抗力较大。模锻模膛又分为终锻模膛和预锻模膛两种。

(1)终锻模膛。终锻模膛的作用是使坯料最后变形到锻件所要求的形状和尺寸,因此它的形状应和锻件的形状相同。但因锻件冷却时要收缩,终锻模膛的尺寸应比锻件尺寸放大一个收缩量。钢件收缩率取 1.5%。另外,沿模膛四周有飞边槽,用以增加金属从模膛中流出的阻力,促使金属更好地充满模膛,同时容纳多余的金属。对于具有通孔的锻件,由于不可能靠上、下模的突起部分把金属完全挤压到旁边去,故终锻后在孔内留有一薄层金属,称为冲孔连皮,如图 2.38 所示。因此,把冲孔连皮和飞边冲掉后,才能得到具有通孔的模锻件。

(2)预锻模膛。预锻模膛的作用是使坯料变形到接近于锻件的形状和尺寸,这样再进行终锻时,金属容易充满终锻模膛,同时减少了终锻模膛的磨损,延长了锻模的使用寿命。预锻模膛与终锻模膛的主要区别是,前者的圆角和斜度较大,没有飞边槽。对于形状简单或批量不够大的模锻件也可以不设预锻模膛。

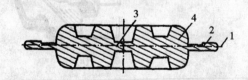

图 2.38　带有冲孔连皮及飞边的模锻件

1—分模面；2—飞边；3—冲孔连皮；4—锻件

2. 制坯模膛

对于形状复杂的模锻件,为了使坯料形状基本接近模锻件形状,使金属能合理分布和很好地充满模锻模膛,就必须预先在制坯模膛内制坯。制坯模膛有以下几种:

(1)拔长模膛。如图 2.39 所示,用来减小坯料某部分的横截面积,以增加该部分的长度。当模锻件沿轴向横截面积相差较大时,常采用这种模膛进行拔长。拔长模膛分为如图 2.39(a)所示的开式和如图 2.39(b)所示的闭式两种。一般情况下,拔长模膛设置在锻模的边缘处。生产中进行拔长操作时,坯料除向前送进外并需不断翻转。

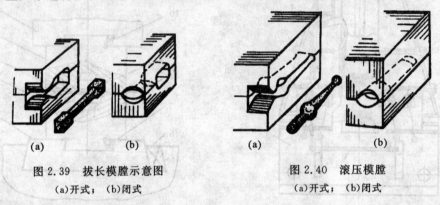

图 2.39　拔长模膛示意图
(a)开式; (b)闭式

图 2.40　滚压模膛
(a)开式; (b)闭式

(2)滚压模膛。如图 2.40 所示,在坯料长度基本不变的前提下用它来减小坯料某部分的横截面积,以增大另一部分的横截面积。滚压模膛分为如图 2.40(a)所示的开式和如图 2.40(b)所示的闭式两种。当模锻件沿轴线的横截面积相差不很大或对拔长后的毛坯作修整时,通常采用开式滚压模膛。当模锻件的截面相差较大时,则应采用闭式滚压模膛。滚压操作时须不断翻转坯料,但不作送进运动。

(3)弯曲模膛。如图 2.41(a)所示,对于弯曲的杆类模锻件,须采用弯曲模膛来弯曲坯料。坯料可直接或先经其他制坯工步后放入弯曲模膛进行弯曲变形。弯曲后的坯料须翻转 90°再放入模锻模膛中成形。

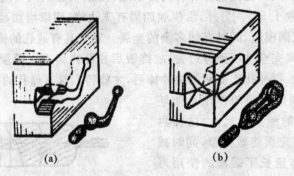

图 2.41　弯曲和切断模膛
(a)弯曲模膛; (b)切断模膛

(4)切断模膛。如图 2.41(b)所示,它是在上模与下模的角部组成的一对刃口,用来切断金属。单件锻造时,用它从坯料上切下锻件或从锻件上切下钳口;多件锻造时,用它来分离成单个锻件。

此外,还有成形模膛、镦粗台及击扁面等制坯模膛。

根据模锻件的复杂程度不同,所需变形的模膛数量不等,可将锻模设计成单膛锻模或多膛锻模。单膛锻模是在一副锻模上只具有终锻模膛一个模膛。如齿轮坯模锻件就可将截下的圆柱形坯料,直接放入单膛锻模中一次终锻成形。多膛锻模是在一副锻模上具有两个以上模膛的锻模。

锤上模锻虽具有设备投资较少,锻件质量较好,适应性强,可以实现多种变形工步,锻制不同形状的锻件等优点,但由于锤上模锻震动大、噪声大,完成一个变形工步往往需要经过多次锤击,故难以实现机械化和自动化,生产率在模锻中相对较低。

二、曲柄压力机上模锻

曲柄压力机是一种机械式压力机,其工作过程为:当离合器在结合状态时,电动机的转动通过带轮、传动轴和齿轮传给曲柄,再经曲柄连杆机构使滑块做上下往复直线运动。离合器处在脱开状态时,带轮(飞轮)空转,制动器使滑块停在确定的位置上。锻模分别安装在滑块和工作台上。顶杆用来从模膛中推出锻件,实现自动取件。

曲柄压力机的吨位一般是 $2 \times 10^3 \sim 1.2 \times 10^5$ kN。

曲柄压力机上模锻的特点:

(1)曲柄压力机作用于金属上的变形力是静压力,且变形抗力由机架本身承受,不传给地基,因此曲柄压力机工作时无震动,噪声小;

(2)滑块行程固定,每个变形工步在滑块的一次行程中即可完成;

(3)曲柄压力机具有良好的导向装置和自动顶件机构,因此锻件的余量、公差和模锻斜度都比锤上模锻的小;

(4)曲柄压力机上模锻所用锻模都设计成镶块式模具;

(5)坯料表面上的氧化皮不易被清除掉,影响锻件质量,曲柄压力机上也不宜进行拔长和滚压工步,如果是横截面变化较大的长轴类锻件,可采用周期轧制坯料或用辊锻机制坯来代替这两个工步。

由于曲柄压力机上模锻所用设备和模具具有上述特点,因而这种模锻方法具有锻件精度高、生产率高、劳动条件好和节省金属等优越性,故适合于大批量生产条件下锻制中、小型锻件。但由于曲柄压力机造价高,其应用受到限制,我国仅有大型工厂使用。

三、摩擦压力机上模锻

1. 摩擦压力机的工作原理

摩擦压力机的工作原理如图 2.42 所示。锻模分别安装在滑块 7 和机座 10 上。滑块与螺杆 1 相连,沿导轨 9 上下滑动。螺杆穿过固定在机架上的螺母 2,其上端装有飞轮 3。两个摩擦盘 4 同装在一根轴上,由电动机 5 经皮带 6 使摩擦盘轴旋转。改变操纵杆位置可使摩擦盘轴沿轴向串动,这样就会把某一个摩擦盘靠紧飞轮边缘,借摩擦力带动飞轮转动。飞轮分别与两个摩擦盘接触,产生不同方向的转动,螺杆也就随飞轮做不同方向的转动。在螺母的约束下,螺杆的转动变为滑块的上下滑动,实现模锻生产。

在摩擦压力机上进行模锻,主要靠飞轮、螺杆及滑块向下运动时所积蓄的能量来实现。吨位为 3 500 kN 的摩擦压力机使用较多,10 000 kN 是其最大吨位。

摩擦压力机工作过程中,滑块运动速度为 0.5～1.0 m/s,具有一定的冲击作用,且滑块行程可控,这与锻锤相似。坯料变形中抗力由机架承受,形成封闭力系,这又是压力机的特点。所以摩擦压力机具有锻锤和压力机的双重工作特性。

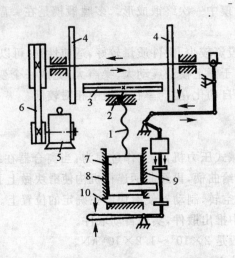

图 2.42 摩擦压力机传动简图

1—螺杆; 2—螺母; 3—飞轮; 4—摩擦盘; 5—电动机; 6—皮带; 7—滑块; 8,9—导轨; 10—机座

2. 摩擦压力机上模锻的特点:

(1)摩擦压力机的滑块行程不固定,并具有一定的冲击作用,因而可实现轻打、重打,可在一个模膛内对金属进行多次锻击,这不仅能满足实现各种主要成形工序的要求,还可以进行弯曲、压印、热压、精压、切飞边、冲连皮及校正等工序;

(2)由于滑块运动速度低,金属变形过程中的再结晶可以充分进行,因而特别适合于锻造低塑性合金钢和非铁金属(如铜合金)等,但也因此其生产率较低;

(3)由于滑块打击速度不高,设备本身具有顶料装置,故可以采用整体式锻模,也可以采用特殊结构的组合式模具,使模具设计和制造简化、节约材料、降低成本,同时,可以锻制出形状更为复杂、敷料和模锻斜度都较小的锻件,此外,还可将轴类锻件直立起来进行局部镦粗;

(4)摩擦压力机承受偏心载荷的能力差,通常只适用于单膛锻模进行模锻,对于形状复杂的锻件,需要在自由锻设备或其他设备上制坯。

摩擦压力机上模锻适合于中小型锻件的小批或中批量生产,如铆钉、螺钉、螺母、配汽阀、齿轮、三通阀等。

综上所述,摩擦压力机具有结构简单、造价低、投资少、使用及维修方便、基建要求不高、工艺用途广泛等优点,所以我国中小型锻造车间大多拥有这类设备。

第三章 焊 接

实习目标

实习内容	要求了解的基本知识	要求掌握的内容
概述	1.焊接工作的分类及其应用。 2.焊接生产的安全技术	
手工电弧焊	1.交流、直流弧焊机结构、电流调节的操作方法。 2.电焊条的作用。 3.手弧焊的主要工作参数及其对焊接质量的影响。 4.常见焊接接头及坡口形式,各种焊接位置的焊法特点。 5.常见焊接缺陷的产生原因	1.掌握焊接过程中的"引弧、运条、收弧技术",能焊出较整齐的焊缝; 2.能知道常见的焊接缺陷及产生焊接缺陷的主要原因
气焊及气割	1.气焊设备的主要结构及安全操作方法。 2.气焊火焰调解方法及应用。 3.割矩的结构、切割金属条件及切割过程	初步掌握气割操作,能进行简单的气割操作
其他焊接方法	了解等离子切割、氩弧焊的特点、应用及操作过程	

焊接是一种永久性连接金属材料的工艺方法。焊接过程的实质是利用加热或加压力等手段,借助金属原子的结合与扩散作用,使分离的金属材料牢固地连接起来。

车厢、车身、船体、高炉炉壳、锅炉等压力容器、建筑构架诸多零件及结构,均可以通过焊接的方法来制造,由此可见,焊接在工业生产中具有广泛的应用。在制造大型结构件或复杂机器部件时焊接工艺尤其显得优越,主要是由于焊接可以通过将小的、简单的零部件组合连接成大的、复杂的结构件等。用焊接方法还可以制成双金属构件,也可以制造复合层容器,此外,可以对同种材料进行焊接,还可以对不同材料进行焊接。总之,焊接工艺在现代工业中得到广泛的应用正是由于焊接方法的这些优越性。

由于被焊金属表面存在着缺陷,如微观凸凹不平,表面黏着了氧化膜、水、气体和污物,这就阻碍了被焊金属表面间原子或分子之间的结合。采用加热或加压可以消除表面微观凸凹不平,而且也可以打碎和消除氧化膜、水、气体和污物,从而使被焊金属两个洁净表面的原子或分子能够充分靠近,产生结合,从而紧密地连接起来。

焊接的种类很多,根据焊接时加热和加压方式的不同,焊接可分为熔焊、压焊和钎焊等几种类型。

焊接过程中,将焊件接头加热至熔化状态,不加压而形成焊接接头的方法称为熔焊。熔焊工艺中应用最多的是电弧焊和气焊,此外,也包括电渣焊、电子束焊和激光焊等。

焊接过程中,对焊件施加压力(可以加热或可以不加热),以完成焊接的方法称为压焊。压焊应用最多的是电阻焊,此外,也包括冷压焊、扩散焊、超声波焊、摩擦焊和爆炸焊等。

用比母材熔点低的金属材料作钎料,将焊件和钎料加热到高于钎料熔点,低于母材熔点的温度,利用液态钎料润湿母材、铺展和填充接头间隙并与母材相互扩散,凝固后将两个分离的表面连接成一个整体的方法称为钎焊。钎焊包括软钎焊和硬钎焊两种。

第一节　焊条电弧焊

焊条电弧焊即手工电弧焊,利用焊条与工件间产生电弧热,将工件和焊条熔化而进行焊接的方法。焊条电弧焊以焊接电弧作热源,用手工操纵焊条进行焊接的方法。该方法操作灵活,设备简单,容易维护,可在室内、室外、高空和各种焊接位置进行,而且主要用于单件、小批生产2mm 以上各种常用金属的全位置焊接。

一、焊接电弧及焊缝形成过程

1. 焊接电弧

如图 3.1 所示,焊接电弧是在电极与工件之间的气体介质中长时间的放电现象,即在局部气体介质中有大量电子流通过的导电现象。

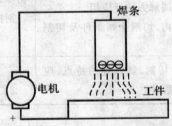

图 3.1　焊接电弧

引燃电弧后,弧柱中充满了电离气体,气体温度很高,并放出大量的热和强烈的光。电弧放出的热量与焊接电流和电弧两端电压的乘积成正比。所以,电流越大,电弧产生的总热量就越多。通常阳极区电弧热量产生约占总热量的 43% 的热量;阴极区,因放出大量的电子,一部分能量被消耗了,所以仅仅产生约 36% 的热量,其余 21% 左右的热量是在弧柱中产生的。焊条电弧焊只有 65%～85% 的热量用于加热和熔化金属,其余的热量则散失在电弧周围和飞溅的金属滴中。

电弧中阳极区和阴极区的温度因电极材料不同而有所不同。用钢焊条焊接钢材时,阳极区温度约为 2 600K,阴极区约为 2 400K,电弧中心区温度最高,可达 6 000～8 000K。

焊接过程中,如果使用的是直流电源焊接时,有正接和反接两种接线方法,主要是由于电弧产生的热量在阳极和阴极上有一定差异及其他一些原因。

如图 3.2 所示,正接是将工件接到电源的正极,焊条(或电极)接到电源的负极;反接是将工件接到电源的负极,焊条(或电极)接到电源的正极。正接时工件的温度相对高一些。

图 3.2　直流电源时的正接与反接

焊接过程中,如果使用的是交流弧焊机,因为电极每秒钟正负变化高达 100 次之多,所以两极加热温度一样,大约都在 2 500 K 左右,因而不存在正接和反接的区别。

弧焊机的空载电压一般为 50～90 V,此电压就是焊接时的引弧电压。电弧稳定燃烧时的电压称为电弧电压,电弧电压与电弧长度(即焊条与工件间的距离)有关。电弧长度越大,电弧电压也越高。一般情况下,电弧电压在 16～35 V 范围之内,属于安全电压。

2. 焊缝形成过程

如图 3.3 所示,首先将电焊机的两极分别与工件和焊钳连接,再用焊钳夹持焊条。焊接时,利用焊条与工件之间快速滑擦引燃电弧,当电弧稳定燃烧时,工件和焊条两极区的高温电弧将使工件局部熔化而形成熔池,熔化的焊条进入到熔池中。随着焊条沿焊缝方向移动,其后的熔池金属迅速冷却、凝固并形成焊缝,分离的工件连成整体。电弧燃烧过程中,焊条外层的药皮被电弧熔化,形成熔渣及保护气体,熔渣冷凝后形成一层渣壳。

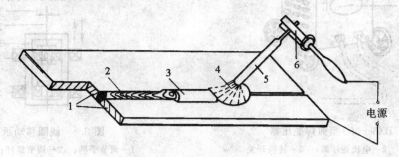

图 3.3　手弧焊焊缝形成过程

1—工件;　2—焊缝;　3—渣壳;　4—电弧;　5—焊条;　6—焊钳

二、焊条电弧焊设备

焊条电弧焊设备主要是供给弧焊的电源,为了能够保证焊接质量,而且满足焊接工艺的需要,必须保证使电弧容易引燃,而且保证电弧能够稳定燃烧,弧焊设备应满足以下要求:

(1)有适当的空载电压。空载电压是电弧未引燃时的电压,弧焊变压器电压为 55～80 V,弧焊整流器电压为 45～70 V,此电压范围既能顺利起弧,又能保障操作者的安全。

(2)有适当的短路电流。起弧的瞬间,弧焊变压器处于短路状态,如果短路电流过大会使弧焊变压器温升过高,甚至烧坏;否则会使热电子发射困难,不易起弧,所以要将弧焊电源的短路电流控制为焊接电流的 1.5～2 倍。

(3)焊接电流应能方便调节。

(4)当电弧长度发生变化时,焊接电流波动越小越好,以保持电弧和焊接规范的稳定性。

根据电流性质的不同,手弧焊电源包括交流弧焊机和直流弧焊机两种。上述两种电源也称为弧焊变压器及弧焊整流器。

1. 交流弧焊机

交流弧焊机(弧焊变压器)是一种特殊的变压器,普通变压器的输出电压是恒定的,与之相比,弧焊变压器的输出电压随输出电流(负载)的变化而变化。当其空载时为 60~80 V,既能保证顺利起弧,又对人身比较安全。起弧后,电压会自动下降到电弧正常工作所需的 20~30 V。当短路起弧时,电压会自动趋近于零,从而确保短路电流不致过大而烧毁电路或变压器。图 3.4 是 BX3—300 型动圈式单相弧焊变压器外形图,其额定输出电流 300 A,通过调节手柄可使次级线圈上下移动,实现电流的细调,如图 3.5 所示,通过改变初级线圈的圈数,可以确保电流在较大范围得到调整,即当图 3.4 中转换开关的箭头指向Ⅰ时,称为小挡,此时焊接电流较小;反之,当箭头指向Ⅱ位时,称为大挡。BX3—300 型弧焊机的技术参数如表 3.1 所示。

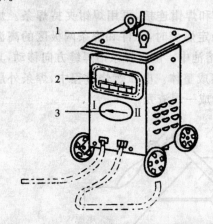

图 3.4 BX3—300 型弧焊变压器
1—调节手柄; 2—电流指示牌; 3—转换开关

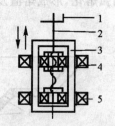

图 3.5 线圈移动示意图
1—调节手柄; 2—调节螺杆; 3—铁芯;
4—可动次级线圈; 5—初级线圈

表 3.1 典型弧焊机的技术参数

型号	初级电压/V	空载电压/V	工作电压/V	额定焊接电流/A	额定输入容量/(kV·A)	电流调节范围Ⅰ Ⅱ	额定负载持续率/%
BX3—300	380	75~70	32	300	23.4	35~135 125~400	60
AX—320	三相电动机 14kW1450r/min	50~80	30	320	14	45~320	50
ZXG—300	三相380	70	25~30	300	21~25.7	15~300 50~376	60

2. 直流弧焊机

直流弧焊机(弧焊整流器)供给焊接用直流电,其输出端有正负极之分。常用的有两大类:

（1）发电机式直流弧焊机。此直流弧焊机由一台具有特殊性能的、能满足焊接要求的直流发电机供给焊接电流，发电机由一台与其装在一个机壳中的同轴交流电动机带动，两者组成一台直流弧焊机。AX—320 主要技术参数列于表 3.1 中。

（2）弧焊整流器。弧焊整流器由大功率硅整流元件组成，其功能是将符合焊接需要的交流电整流成直流，从而供焊接用。图 3.6 是 ZXG—300 型磁放大器式硅整流弧焊机的外形图，其主要技术参数列于表 3.1 中。

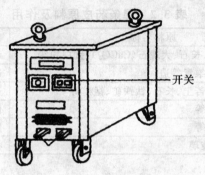

开关

图 3.6 ZXG—300 型直流弧焊机

与发电机式直流弧焊机比较，这种直流弧焊机没有旋转部分，结构简单，维修容易，噪声小，应用较普遍。

三、焊条

如图 3.7 所示，焊条电弧焊的焊条由焊芯和药皮两部分组成。

药皮

焊芯

图 3.7 电焊条结构图

焊芯的作用：一是作为电弧的电极，传导电流；二是作为填充焊缝的金属，与母材一起形成焊缝。利用焊条电弧焊工艺焊接时，焊芯金属约占整个焊缝金属的 50%～70%。它的化学成分和非金属夹杂物的多少将直接影响焊缝质量。因此，结构钢焊条的焊芯应符合国家标准 GB1300—77《焊接用钢丝》的要求。因此，焊芯材料通常为钢丝，一般为高级优质钢丝，如结构钢焊条的焊芯，常用牌号为 H08 和 H08A，H 代表焊接用钢丝，08 表示平均含碳质量分数为 0.08%，A 代表高级优质钢。焊条直径一般指焊芯直径，常用范围为 2.5～4.5 mm，每根焊条长约为 350～450 mm。

焊条药皮由多种矿石粉和铁合金粉配成，再与水玻璃等黏结剂混匀后通过压涂和烘干后黏涂在焊芯外面。如表 3.2 所示，由于药皮内有稳弧剂、造气剂和造渣剂等的存在，所以药皮有如下作用：

（1）稳弧作用。由于药皮中某些成分可促使气体粒子电离，从而确保电弧容易引燃并稳定燃烧。

（2）保护作用。由于高温电弧作用下药皮产生熔渣和气体，包围和覆盖熔池，隔绝外界空气,从而可以防止焊缝氧化。

(3)进行有益的冶金反应、脱氧和合金化,从而减轻熔池中杂质的不利影响,提高焊缝性能。随着焊接工艺水平的发展,及焊接工艺应用范围的扩大,各种材料和达到不同性能要求的焊条品种日益增多。我国将焊条按化学成分划分为七大类,即碳钢焊条、低合金钢焊条、不锈钢焊条、堆焊焊条、铸铁焊条及焊丝、铜及铜合金焊条、铝及铝合金焊条等。其中应用最多的是碳钢焊条和低合金钢焊条。

表 3.2　焊条药皮原料及作用

原料种类	原料名称	作用
稳弧剂	K_2CO_3、Na_2CO_3、长石、大理石($CaCO_3$)、钛白粉等	改善引弧性,提高稳弧性
造气剂	大理石、淀粉、钎维素等造	造成气体,保护熔池和熔滴
造渣剂	大理石、萤石、菱苦土、长石、钛铁矿、锰矿等	造成熔渣,保护熔池和焊缝
脱氧剂	锰铁、硅铁、钛铁等	使熔化的金属脱氧
合金剂	锰铁、硅铁、钛铁等	使焊缝获得必要的合金成分
黏结剂	钾水玻璃、钠水玻璃	将药皮牢固地粘在焊芯上

焊条的型号由国家标准及国际标准组织(ISO)制定。碳钢焊条型号见 GB5117—85,如 E4303,E5015,E5016 等。"E"表示焊条;前两位数字表示焊缝金属的抗拉强度等级(单位为 kgf/mm^2);第三位数字表示焊条的焊接位置,"0"及"1"表示焊条适用于全位置焊接(平、立、仰、横),"2"表示焊条适用于平焊及平角焊,"4"表示焊条适用于向下立焊;第三位和第四位数字组合时表示焊接电流种类及药皮类型,如"03"为钛钙型药皮,交流或直流正、反接,"15"为低氢钠型药皮,直流反接,"16"为低氢钾型药皮,交流或直流反接。低合金钢焊条型号中的四位数字之后,还标出附加合金元素的化学成分。低合金钢焊条型号见 GB5118—85。

焊条牌号是焊条行业统一的焊条代号。焊条牌号一般用一个大写拼音字母和三个数字表示,如 J422,J507 等。拼音字母表示焊条的大类,如"J"表示结构钢焊条(碳钢焊条和普通低合金钢焊条),"A"表示奥氏体不锈钢焊条,"Z"表示铸铁焊条等;前两位数字表示各大类中若干小类,如结构钢焊条前两位数字表示焊缝金属抗拉强度等级,其等级有 42,50,55,60,70,75,85 等,分别表示其焊缝金属的抗拉强度大于或等于 420,500,550,600,700,750 和 850MPa;最后一个数字表示药皮类型和电流种类,如表 3.3 所示,其中 1 至 5 为酸性焊条,6 和 7 为碱性焊条。

表 3.3　焊条药皮类型和电源种类编号

编号	1	2	3	4	5	6	7	8
药皮类型	钛型	钛钙型	钛铁矿型	氧化铁型	纤维素型	低氢钾型	低氢钠型	石墨型
电源种类	直流或交流	交、直流	交、直流	交、直流	交、直流	交、直流	直流	交、直流

焊条还可按熔渣性质分为酸性焊条和碱性焊条两大类。药皮熔渣中酸性氧化物(如 SiO_2,TiO_2,Fe_2O_3)比碱性氧化物(如 CaO,FeO,MnO,Na_2O)多的焊条为酸性焊条。此类焊条的优点是适合各种电源,操作性较好,电弧稳定,成本低;其缺点是焊缝塑、韧性稍差,渗合金作用弱,所以不宜焊接承受动载荷和要求高强度的重要结构件。熔渣中碱性氧化物比酸性氧化物多的焊条为碱性焊条。此类焊条一般要求采用直流电源,其优点是焊缝塑、韧性好,抗冲击能力强;其缺点是操作性差,电弧不够稳定,价格较高,所以只适合焊接重要结构件。

四、焊接接头设计

1. 焊接接头

焊接碳钢和低合金钢常用的接头形式可分为对接接头、T形接头、角接接头和搭接接头四种。其中最常用的接头形式为对接接头,主要由于其受力比较均匀,重要的受力焊缝应尽量选用此种接头。

搭接接头不需开坡口,装配时尺寸要求不高,可用于某些受力不大的平面联接与空间构架。因两工件不在同一平面,受力时将产生附加弯矩,而且金属消耗量也大,一般应避免采用。

角接接头与 T 形接头受力情况较对接接头复杂,但接头成直角或一定角度连接时,必须采用这种接头形式。

2. 坡口形式

根据 GB985—88,气焊、焊条电弧焊及气体保护焊常用的几种焊缝坡口形式与尺寸需满足:

焊条电弧焊对板厚为 1～6mm 对接接头施焊时,一般可不开坡口(即 I 形坡口)直接焊成。

但当板厚增大时,为了保证焊透,应根据工件厚度预先加工出各种形式的坡口。两个焊接件的厚度相同时,常用的坡口形式及角度可按以下原则选用。

(1)其中 Y 形坡口和带钝边 U 形坡口用于单面焊,其焊接性较好,但焊后角变形较大,焊条消耗量也大些。

(2)焊接过程中,双 Y 形坡口双面施焊,受热均匀,所以变形较小,焊条消耗量较少。

(3)带钝边 U 形坡口根部较宽,允许焊条深入,容易焊透,而且由于坡口角度小,所以焊条消耗量较小,但因坡口形状复杂,一般只在重要的受动载的厚板结构中采用。

(4)带钝边双单边 V 形坡口主要用于 T 形接头和角接接头的焊接结构中。

3. 接头过渡形式

为了获得优质的焊接接头,焊接构件最好采用相等厚度的金属材料。当焊接两块厚度相差较大的金属材料时,接头处造成应力集中,而且接头两边由于受热不匀易产生焊不透等缺陷。

不同厚度金属材料对接时,如果厚度差(用 $d_1 - d$ 表示,其中 d_1,d 为两金属的厚度)超过表中规定值,或者双面超过 $2(d_1 - d)$ 时,应在较厚板料上加工出单面或双面斜边的过渡形式,不同厚度金属材料对接时允许的厚度差如表 3.4 所示。

表 3.4 不同厚度金属材料对接时允许的厚度差

较薄板的厚度/mm	2～5	6～8	9～11	≥12
允许厚度差($d_1 - d$)/mm	1	2	3	4

钢板厚度不同的角接与 T 形接头受力焊缝,可考虑采取图 3.8 所示的过渡形式。

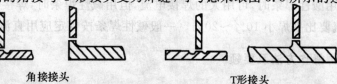

角接接头 　　　　　　　　　　　T形接头

图 3.8 不同厚度的角接与 T 形接头的过渡形式

4. 焊缝的空间位置

如图 3.9 所示,焊缝在空间有平焊缝、横焊缝、立焊缝和仰焊缝四种不同的位置,其中平焊缝最易操作,焊缝质量也好。立焊缝和仰焊缝因熔池铁水在重力作用下有下滴的趋势,操作难度大,生产率低,质量也不易保证,所以应尽量采用平焊。对有角焊缝的零件,应采用船形位置焊,如图 3.9 所示,以获得平焊的优点。

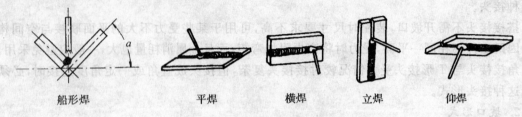

船形焊　　　　　平焊　　　　　横焊　　　　　立焊　　　　　仰焊

图 3.9　焊接空间位置实例

五、焊接工艺参数的选择

为保证焊接质量,必须选择合理的焊接工艺参数。焊接工艺参数主要有焊条直径和焊接电流,有时还要选定电弧电压、焊接速度和焊接层数等。

1. 焊条直径的选择

焊条直径是根据钢板厚度、接头形式、焊接位置等来选择的。平板对接时焊条直径的选择可参考表 3.5。在进行立焊、横焊和仰焊时,焊条直径不得超过 4 mm,以免熔池过大,液态金属和熔渣下流。

表 3.5　焊条直径的选择

钢板厚度/mm	≤1.5	2.0	3	4～7	8～12	≥13
焊条直径/mm	1.6	1.6～2.0	2.5～3.2	3.2～4.0	4.0～4.5	4.0～5.8

2. 焊接电流的选择

焊接电流选择时,其大小应与焊条直径相配合,如果焊条直径大,使用的焊接电流也相应增大。各种直径焊条常用焊接电流范围如表 3.6 所示。

表 3.6　焊接电流的选择

焊条直径/mm	1.6	2.0	2.5	3.2	4.0	5.0	5.8
焊接电流/A	25～40	40～70	70～90	100～130	160～200	200～270	260～300

一般平焊,且用酸性焊条时,可用大的焊接电流,但用碱性焊条时,焊接电流应小一些。在立焊、横焊时,电流要比平焊小 $10\%\sim20\%$。一般碱性焊条按规定应用直流正接或反接法。

六、焊条电弧焊操作方法及要领

1. 引弧

通过短路法可进行引弧,短路方式为敲击法与摩擦法。其中摩擦法如图 3.10 所示。两种方式都是先短路,后拉开小于 5 mm 左右的距离,即可形成稳定的电弧。电弧引燃后,为了保证电弧能稳定燃烧,应立即将焊条不断地往下送进,保持电弧长度基本不变,才能维持电弧稳定燃烧。

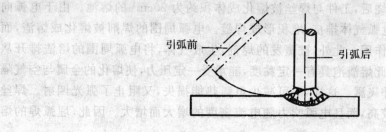

引弧前　　　引弧后

图 3.10　摩擦法引弧

2. 平焊操作要领

水平位置的直线焊接时,主要要掌握好"三度",即电弧长度、焊条角度和焊接速度。

(1)电弧长度。焊条在不断熔化的过程中,必须保持电弧长度的稳定,合理的电弧长度为焊条直径。

(2)焊条角度。焊条与焊缝的正确角度关系及工件之间的正确角度关系如图 3.11 所示。即焊缝宽度方向与焊条的夹角相等(平板为 90°),焊缝与焊条运动方向的夹角在 70°~80° 之间。

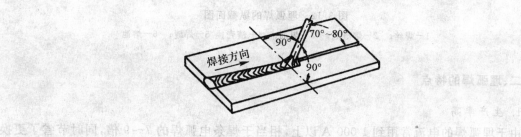

图 3.11　焊条角度

(3)焊接速度。合适的焊接速度应使所得焊道的熔宽约等于焊条直径的两倍,而且表面平整,波纹细密。焊速太高时焊道窄而高,波纹粗糙,熔合不良。焊速太低时,熔宽过大,焊件容易被烧穿。初学者练习时应注意:电流要合适,焊条要对正,电弧要短,焊速不要快,力求均匀。

第二节　埋弧焊

随着生产力的发展,对各种机械设备的要求不断提高,这就需要不断提高焊接质量和生产率,而传统的手弧焊方法受到本身条件的限制,无法提高焊接质量和生产率,于是相继出现一些新的焊接方法。

一、埋弧焊的焊接过程

埋弧焊又称熔剂层下电弧焊。焊接时,焊丝由焊接机头上的送丝机构平稳地送入电弧区,并保持选定的弧长,从而保证了电弧可以在颗粒状焊剂层下面稳定燃烧。焊丝与工件之间具有相对运动(焊机带着焊丝均匀地沿坡口移动,或者焊机机头不动,工件匀速运动),焊剂从漏斗中不断流出,撒在被焊部位。焊接时,部分焊剂熔化形成熔渣覆盖在焊缝表面,大部分焊剂不熔化,可重新回收使用。

如图 3.12 所示,电弧燃烧后,工件与焊丝被熔化成体积约为 $20cm^3$ 的熔池。由于电弧向前移动,熔池内的金属液被电弧气体排挤,堆积形成焊缝。电弧周围的焊剂被熔化成熔渣,而且与熔池金属产生物理化学作用。此外,被蒸发的焊剂,生成气体,将电弧周围的熔渣排开从而形成一个封闭的熔渣泡。此熔渣泡具有一定黏度,能承受一定压力,使熔化的金属与空气隔离,而且能防止金属熔滴向外飞溅。这样,既可减少电弧热能损失,又阻止了弧光四射。焊丝上没有涂料,所以电流密度较高,而且电弧吹力随电流密度的增大而增大。因此,埋弧焊的熔池深度比焊条电弧焊大很多。

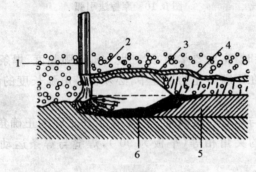

图 3.12　埋弧焊的纵截面图

1—焊丝;　2—熔渣泡;　3—焊剂;　4—渣壳;　5—焊缝;　6—熔池

二、埋弧焊的特点

1. 生产率高

由于埋弧焊的电流常用到 1 000 A 以上,相当于焊条电弧焊的 7~9 倍,同时节省了更换焊条的时间。与焊条电弧焊相比,埋弧焊生产效率提高 5~10 倍。

2. 焊接质量高而且稳定

埋弧焊焊剂供给充足,电弧区保护严密,热量高,熔池保持时间较长,冶金过程进行得充分,有利于气体与杂质浮出。同时,焊接参数能自动控制调整,所以焊接质量高而且稳定,焊缝成形美观。

3. 节省金属材料

埋弧焊热量集中,熔深大,所以 20~25 mm 以下的工件可不开坡口可以直接进行焊接,而且没有焊条头的浪费,焊接时飞溅很小,所以能节省大量金属材料。

4. 改善了劳动条件

埋弧焊看不到弧光,而且焊接烟雾也很少,焊接时只要焊工调整、管理焊机就可自动进行焊接,劳动条件得到很大改善。

埋弧焊在焊接生产中已得到广泛应用,常用来焊接长的直线焊缝和较大直径的环形焊缝。当工件厚度增加和批量生产时,其优点尤为显著。但埋弧焊的设备较贵,而且必须严格保证接头加工与装配要求,只适用于批量生产长、直焊缝与圆筒形工件的纵、环焊缝。

三、埋弧焊工艺要求

埋弧焊要求严格下料、准备坡口和装配。为了防止产生气孔,焊接前,应将焊缝两侧 50～60mm 内的污垢与铁锈除掉。

埋弧焊通常在平焊位置焊接,用以焊接对接和丁字形接头的长直线焊缝和对接接头环形焊缝。对接厚 20 mm 以下工件时,可以采用单面焊接。如果设计上有要求也可双面焊接。当工件厚度超过 20 mm 时,可进行双面焊接,或采用开坡口单面焊接。由于需要保证引弧处和断弧处质量,焊前应在接缝两端焊上引弧板与引出板,如图 3.13 所示。为了保持焊缝成形和防止烧穿,生产中常采用如图 3.14 所示的各种类型的焊剂垫和垫板。

图 3.13　埋弧焊的引弧板与引出板缝

图 3.14　埋弧焊的焊剂垫和垫板

第三节　气体保护焊

一、氩弧焊

氩弧焊是以氩气作为保护气体的电弧焊方法。氩气是惰性气体,它与焊缝金属既不发生化学反应,又不溶于液态金属,又由于其密度比空气大,所以可有效地保护熔池。氩弧焊的焊接质量稳定可靠,焊缝无渣壳,表面质量较高。因氩气是单原子气体,高温时不分解吸热,又由于导热系数小,所以电弧热量损失小。氩弧一旦引燃,电弧就很稳定。而且,由于氩弧焊是明弧焊接,便于观察熔池,易于对焊接过程进行控制。但氩气价格贵,焊接成本高。此外,氩弧焊对焊前清理要求严格。氩弧焊主要分为不熔化极氩弧焊、熔化极氩弧焊,如图 3.15 所示。

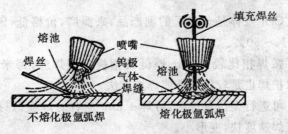

图 3.15　氩弧焊过程原理

(1)不熔化极氩弧焊。不熔化极氩弧焊采用高熔点钍钨棒或铈钨棒作电极。焊接时,钨极仅起引弧和维弧作用,不熔化。填充金属从一侧送入,在高温电弧作用下,填充金属与焊件一起熔化形成焊缝。为了减少钨极的烧损,不熔化极氩弧焊一般采用直流正接。焊接铝、镁及其合金时,则采用交流电源。这样,当焊件处于负极性的半波时,可利用阴极的破碎作用去除熔池的氧化膜。

(2)熔化极氩弧焊。熔化极氩弧焊利用金属焊丝作为电极并兼作填充金属。焊接时,在氩气保护下焊丝和焊件间产生电弧,焊丝连续送进过程中,金属熔滴呈很细的颗粒进入熔池之中。熔化极氩弧焊通常采用直流反接,从而使电弧稳定。熔化极氩弧焊适于焊接 25 mm 以下的铝及铝合金、铜及铜合金、钛及钛合金、耐热钢和不锈钢焊件。

二、二氧化碳气体保护焊

1. 二氧化碳气体保护焊的原理及应用

此焊接工艺是利用 CO_2 作为保护气体的电弧焊方法。通过焊件和焊丝作电极,产生焊接电弧。如图 3.16 所示,焊接时,通入的 CO_2 气体已经通过干燥和预热,此气体对焊接区进行保护。

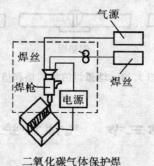

二氧化碳气体保护焊

图 3.16　二氧化碳焊原理及焊机结构示意图

因为 CO_2 在 1 000℃以上会分解为一氧化碳和原子态的氧,所以,具有一定的氧化性,不宜焊接易氧化的非铁金属。CO_2 焊主要用于焊接低碳钢和低合金钢,及耐磨零件的堆焊,铸钢件及其他焊接缺陷的补焊。

2. 二氧化碳气体保护焊的主要特点

(1)生产率高。由于穿透力强、熔深大,而且焊丝的熔化率高,所以熔敷速度快,生产率比手弧焊高 1～3 倍。

(2)焊接成本低。CO_2 气体是化工厂的副产品,来源广,价格低,因此 CO_2 焊的成本只有埋弧焊和手弧焊的 40%～50%。

(3)能耗低。和手弧焊相比较,3 mm 厚低碳钢板对接焊缝,每米焊缝消耗的电能更小。所以,二氧化碳气体保护焊也是较好的节能焊接方法。

(4)适用范围广。可进行全位置焊接,可焊 1 mm 左右的薄板,焊接最大厚度几乎不受限制。焊接薄板时,比气焊速度快,变形小。

(5)抗锈抗裂。抗锈能力强,焊缝含氢量低,抗裂性好。

(6)易于实现机械化焊接。焊后不须清渣,又因是明弧,便于监视和控制,有利于实现焊接过程的机械化。

但二氧化碳气体保护焊也存在缺点,如金属飞溅较大,焊缝成形不够美观,弧光强烈,烟雾较大。

由于二氧化碳气体保护焊具有上述一系列特点,因此被广泛用于船舶、汽车、机车车辆、农机、工程机械、石油化工和冶金等工业部门,成为目前国际上应用最广泛的焊接方法。

第四节 气焊与气割

一、气焊

1. 原理、特点及应用

气焊是利用燃气燃烧时产生的高温来进行焊接的一种熔焊方法。最常用的燃气是乙炔(C_2H_2)。气焊工作过程如图 3.17 所示。焊接时,乙炔和氧在焊炬中混合均匀后,从焊嘴喷出燃烧,将工件和焊丝熔化形成熔池,冷凝后形成焊缝。气焊火焰燃烧时产生大量 CO 和 CO_2 气体包围熔池,排开空气,有保护熔池的作用。

图 3.17 气焊示意图

1—焊丝; 2—工件; 3—熔池; 4—焊缝; 5—焊炬

气焊火焰的温度最高可达 3 150 ℃左右,热量较分散,加热缓慢,所以气焊生产率低,应用也不如电弧焊广。但气焊火焰易于控制,操作简便,适用性强,特别适用于野外施工。气焊适于焊接厚度在 3 mm 以下的低碳钢薄板、高碳钢、铸铁以及非铁金属及其合金。

2. 气焊火焰

(1)火焰的构造和性质。乙炔的燃烧过程是分两个阶段进行的。第一阶段是氧气瓶供给的氧使乙炔燃烧,生成一氧化碳和氢,其反应式为

$$2C_2H_2 + 2O_2 \rightarrow 4CO + 2H_2 + Q$$

第二阶段是周围空气中的氧使 CO 和 H_2 继续燃烧,其反应式为

$$2CO + H_2 + 32(O_2) \rightarrow 2CO_2 + H_2O + Q$$

所以,乙炔完全燃烧时需要 2.5 倍的氧气,而氧气瓶供给的氧不能使乙炔达到完全燃烧。乙炔火焰由焰心、内焰、外焰三部分组成,如图 3.18 所示,它们与乙炔的燃烧阶段相对应。

1)焰心。是一个光亮的白色圆柱体,主要是由乙炔受热分解得到的游离的碳和氢组成,属于乙炔燃烧的准备阶段,炽热的碳使焰心发出明亮的白光,有明显的轮廓,焰心的温度不高。

2)内焰。内焰包围着焰心,在中性焰中,内焰并不明显,可见它轻微闪动,此区乙炔剧烈燃烧,温度范围在 2 800~3 150℃,离焰心末端 2~4mm 处温度最高,可达 3 150℃。为了保证焊接质量,焊件和焊丝应放在此处加热,一方面此区域温度最高,另一方面内焰的燃烧产物为

CO 和 H_2,具有还原性,所以对熔化金属有保护作用。

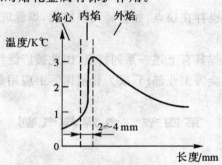

图 3.18　中性焰的温度分布

3)外焰。内焰的外围部分称为外焰,由于与空气中的氧充分接触,乙炔达到完全燃烧所形成的此区域温度较低,而且由于燃烧产物是 CO_2 气体和水蒸气,还有空气中的氮存在,故不能利用外焰来熔化金属,但外焰区包围了熔池,有保护熔池金属免遭空气侵入的作用。

(2)火焰种类。如图 3.19 所示,在焊炬中改变氧和乙炔的体积混合比例,可以获得三种不同的火焰。

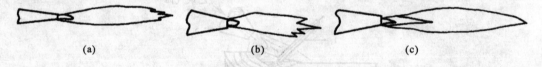

(a)　　　　　　　　(b)　　　　　　　　(c)

图 3.19　气焊火焰种类
(a)中性焰;　(b)氧化焰;　(c)碳化焰

1)中性焰。氧与乙炔混合比为 1.1~1.2 时的火焰称为中性焰,又称为正常焰。内焰中既无过剩的氧气,也无过剩的乙炔,不会使金属氧化或增碳,温度最高可达 3 150℃。这种火焰应用很广,适用于低碳钢、中碳钢、普通低合金钢、合金钢、紫铜和铝合金等材料的焊接。

2)氧化焰。氧与乙炔的混合比大于 1.2。由于供给焊炬的氧量增加,故氧化反应激烈,火焰长度变短,焰心短而尖,内焰和外焰层次不清楚,火焰挺直,并发出"嘶嘶"声,最高温度在焰心的末端,可达 3 300℃。因为整个火焰具有氧化性,会造成金属元素的烧损和氧化,所以一般均不采用,只是在焊接黄铜时才采用轻微的氧化焰,使黄铜熔池表面形成一层氧化锌薄膜,以防止锌的继续蒸发。

3)碳化焰。氧与乙炔的混合比小于 1,由于供给的氧气较少,乙炔过剩,所以内焰区还有游离碳存在,致使焰心轮廓不清楚,内焰比较明显,呈淡白色,整个火焰比中性焰长,且较柔软,温度较低,最高温度约 3 000℃,焊接时对焊缝金属有增碳作用,故应用很少,只有在焊接高碳钢、铸铁、高速钢和硬质合金时,才采用轻微的碳化焰,利用其增碳作用以补充碳的烧损。

3. 气焊用的设备

气焊用的设备及其相互连接如图 3.20 所示。

(1)氧气瓶。氧气瓶是储存和运输氧气用的一种高压容器,其主要作用是提供氧气。一般氧气瓶的容量为 40L,储存氧气最高压力达 14.7MPa。

(2)减压器。气焊时,供给焊炬的氧气压力通常只有 0.2~0.4MPa,减压器的作用是将氧气瓶中输出的高压氧气的压力调整到工作时需要的压力,并保证低压氧气的压力基本稳定。

（3）乙炔发生器。乙炔发生器是利用电石与水作用制取乙炔的设备。乙炔与水作用的反应如下：

$$CaC_2 + 2H_2O \rightarrow C_2H_2 + Ca(OH)_2 + Q$$

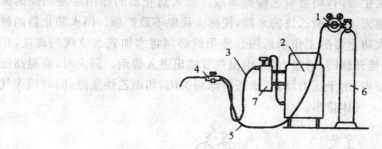

图 3.20　气焊工作系统示意图

1—减压器；　2—乙炔发生器；　3—乙炔管(红色)；　4—焊炬；　5—氧气管(绿色)；6—氧气瓶；　7—回火防止器

由反应式可知,产生乙炔的同时还放出大量的热,因此,乙炔发生器应有较好的散热条件,从而避免由于水温和乙炔气体温度过高产生的爆炸。每千克电石可产生乙炔气体 235~300 L。乙炔发生器的种类很多,浮筒式乙炔发生器的结构如图 3.21 所示。

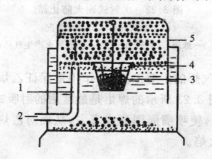

图 3.21　浮筒式乙炔发生器

1—排气管；　2—乙炔气体；　3—电石；　4—电石篮；　5—浮筒

浮筒式乙炔发生器的工作原理是:工作前先向外桶注水到桶高的 1/4 处,再将装有电石的电石篮挂在浮筒上,然后将浮筒扣在外桶中。由于重力,浮筒将电石篮压入水中,电石接触水后立即起反应,生成乙炔气体,随着乙炔逐渐增多,桶内压力逐渐升高,所以浮筒逐渐升高,直至电石与水脱离,反应停止。乙炔气体经过出气管供给焊炬,随着乙炔的消耗,浮筒内压力逐渐降低,又由于重力而下沉,电石又重新与水接触产生乙炔。如此循环,直到电石耗尽为止。浮筒随着乙炔气体压力变化而升降,起着自动调节乙炔气体压力的作用。浮筒上面有一橡皮膜,如果当发生回火或乙炔温度过高的现象时,浮筒内压力将突然增高,气体就可冲破橡皮膜向外排出,防止爆炸事故。

当乙炔用量比较大时,固定式大容量的乙炔发生器比较适宜。当乙炔用量不大时,也可以使用乙炔瓶,乙炔能溶解于丙酮,在乙炔瓶中压力可以达到 1.77MPa。钢制乙炔瓶内首先要塞满由活性炭、木屑和硅藻土等组成的多孔性填料,然后注入丙酮,充满填料的空隙,最后才能将低温高压的乙炔灌入丙酮液体中。一般灌注乙炔的压力为 1.47MPa,然后运往现场使用。

（4）回火防止器。回火防止器亦称回火保险器,气体火焰不在焊嘴外面燃烧,而是沿着乙炔管道向里燃烧的现象称为回火。

气焊时,由于焊嘴被堵塞,或焊炬连续工作时间太长使焊嘴温度增高,引起焊嘴内气体膨胀,阻碍气体流动等原因,致使混合气体从焊嘴喷出的速度小于其燃烧的速度时,就可能引起回火。如果回火蔓延到乙炔发生器内,则会引起爆炸事故。回火防止器的作用是使回烧的火焰在流入乙炔发生器之前被熄灭,并隔断乙炔的来路,使回火现象不致扩展。回火防止器的种类很多,图3.22为水封式回火防止器的工作示意图。使用前必须将水加到水位阀的高度,正常工作时乙炔由进气口输入,推开球阀,通过水层,由出气管输出进入焊炬。回火时,高温高压的回火气体倒流入回火防止器内,由于压力增高,水压将球阀关闭,切断乙炔来路,同时回火气体使上部的防爆膜破裂,使回火气体排出。

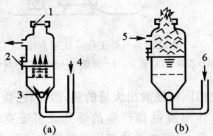

图 3.22 水封式回火防止器

(a)正常状况; (b)回火情况

1—防爆膜; 2—水位阀; 3—球阀; 4—乙炔气体; 5—回火产生气体; 6—未进入的乙炔气体

(5)焊炬(焊枪)。焊炬是气焊的主要工具,其作用是保证乙炔与氧气按一定比例混合、燃烧而形成所需要的火焰。如图3.23所示的焊炬是最常用的射吸式焊炬,这种焊炬的构造原理是:利用氧气高速喷入射吸管,使喷嘴周围形成真空,从而对乙炔形成负压,把乙炔吸入射吸管,使之混合,点燃即成焊接火焰。

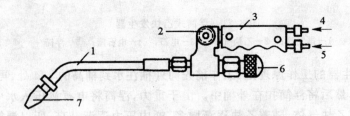

图 3.23 焊炬示意图

1—混合管; 2—乙炔阀门; 3—手柄; 4—乙炔气体; 5—氧气; 6—氧气阀; 7—焊嘴

4. 焊丝与气焊焊剂

(1)焊丝。焊丝用来填充焊缝,所以焊丝的成分直接影响到焊缝的质量。焊丝的成分应与母材的成分相符,在焊接钢件时应使用相应的钢质焊丝,焊接黄铜时使用黄铜焊丝。低碳钢焊丝应符合国家标准 GB1300—77 的规定,用 H08 或 H08A 焊丝。为了保证焊缝的质量,焊丝表面应洁净、无油、锈等污物。

(2)焊剂(也称气焊粉)。焊剂的主要作用是保护熔池金属,去除焊接过程中形成的氧化物,增加液态金属的流动性。在焊低碳钢时,不需用气焊粉,直接依靠氧乙炔焰对熔池的保护,就可以获得满意的焊缝。在焊铸铁、非铁金属及其合金时,则必须采用气焊粉。

气焊粉的种类很多,根据不同金属所产生的不同氧化物,应该选用相应的气焊粉。"粉201"的铸铁气焊粉,自行配制的碳酸钠、碳酸钾混合剂,硼酸可用于气焊铸铁;"粉301"的铜焊粉,硼砂,以硼砂为主的自制焊粉可用于气焊铜和铜合金;"粉401"的铝焊粉,可用于气焊铝和铝合金。使用时,可把焊剂撒在接头表面或蘸在焊丝端部送入熔池。

5. 气焊操作要领

(1)点火、调节火焰及灭火。点火顺序为:先微开氧气阀门,后开乙炔阀门,点燃火焰。这时可看到轮廓分明的三层火焰。再将氧气阀门开大,此时火焰开始变短,淡白色的中间层逐步向白亮的焰心靠拢,调到两层刚好重合在一起,整个火焰只剩下中间白亮的焰心和外面一层较暗淡的轮廓时,即为所要求的中性焰。灭火时,先关乙炔阀门,后关氧气阀门避免引起回火。

(2)平焊操作技术。气焊一般用右手握焊炬,左手握焊丝,两手互相配合,沿焊缝向左焊或向右焊。如图 3.24 所示,焊嘴与焊丝轴线的投影应与焊缝重合。焊炬与焊缝间夹角 α 愈大,热量就愈集中。焊件较厚或在焊接开始时 α 应大些,使焊件熔化形成熔池,正常焊接时 α 保持为 $30°\sim50°$ 范围,操作时还应使火焰的焰心距熔池液面约 $2\sim4$ mm。焊接开始,α 较大,然后将焊丝有节奏地点入熔池使其熔化,并使焊炬沿焊缝向前移动,保持熔池一定大小。应避免将火焰指

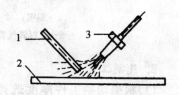

图 3.24 焊炬角度
1—焊丝; 2—焊件; 3—焊炬

向焊丝,使焊丝熔化滴在焊道上,形成熔合不好、连接不牢的焊缝。当熔池有下陷的倾向时,说明热量过多,应立即减小倾角 α 或加快前进速度,以防止烧穿。

二、气割

1. 气割原理及应用

(1)氧气切割过程及原理。金属加热到燃点以上时能在氧气中剧烈燃烧。铁在高温($1\,050℃$以上)和纯氧接触,立即燃烧,同时放出大量的热,其反应为

$$3Fe+2O_2 \rightarrow Fe_3O_4+Q$$

低碳钢的切割过程如图 3.25 所示。先用中性火焰预热切割处表面达 $1\,300$ ℃左右,然后自割炬中央放出高压纯氧,铁被燃烧成氧化物,氧化物立即被氧气流吹走。而且上层金属燃烧时放出的热量预热了下层金属,上层金属燃烧后的渣子被吹走以后,下层金属便与纯氧接触,马上又进行燃烧,这样便可将钢板由表层至底部,切割成一割口。当割炬沿切割线以一定速度移动时,钢板便被分离开来。由此可知,气割的实质是金属的氧化作用,而不是熔化作用。

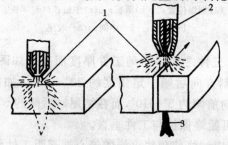

图 3.25 气割过程示意图

(2)氧气切割的应用。气割比一般机械切割效率高、成本低,设备简单,能够切割500 mm以上厚度大的钢板,能将其切割成各种外形复杂的零件。因此,气割广泛用于钢板下料,焊件开坡口以及铸钢件浇、冒口的切割,还可用于废旧钢结构的拆散等。气割所用的设备与气焊的设备相同,其差别在于气焊用焊炬,气割用的割炬如图3.26所示。

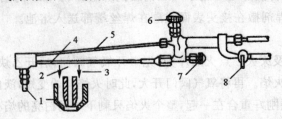

图 3.26 切割割炬

1—割嘴; 2—切割氧气; 3—混合气体; 4—预热焰混合气体管;
5—切割氧气管; 6—切割氧阀门; 7—预热氧阀门; 8—乙炔阀门

2. 气割工艺

(1)根据切割工件厚度选择适当的割嘴尺寸与氧气压力。常用割炬型号及技术数据如表3.7所示。

表 3.7 普通割炬及其技术数据

割据型号	切割厚度范围/mm	氧气压力/MPa	可切割嘴数	割嘴孔径/mm
G01—30	2~30	0.2~0.3	3	0.6~1.0
G01—100	10~100	0.2~0.5	3	1.0~1.6
G01—300	100~300	0.5~1	4	1.8~3.0

(2)割炬与工件应保持如下正确的几何关系。

1)如图3.27(a)所示,割嘴对切口左、右两边必须垂直,否则切出为斜边,影响尺寸精度。

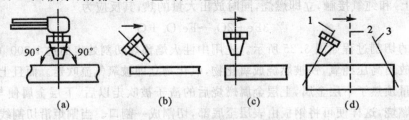

图 3.27 割炬与工件之间的角度

(a)割炬位置; (b)薄板; (c)中板; (d)厚板

1—开始; 2—中间; 3—收尾

2)割嘴在切割方向上与工件之间夹角随工件厚度而变。如图3.27(b)所示,切割5 mm以下的钢板时,割嘴应向切割方向后倾一定角度约20°~45°。如图3.27(d)所示,当割厚板时,则应在开始时朝切割方向前倾约5°~10°,而在结尾时后倾约5°~10°。如图3.27(c)所示,厚度在5~30 mm之间时,可始终保持与工件垂直。

3)割嘴离工件表面距离应始终使预热火焰的焰心端部距工件约3~5mm。

3. 氧气切割金属的条件

只有符合以下条件的金属才能气割：

(1)金属的燃点应低于金属的熔点，只有这样才能使金属在固体状态下燃烧掉，以保证割口平整。否则，切割过程是熔割过程，割口很宽且不整齐。

(2)金属氧化物的熔点应低于金属本身的熔点，且流动性好，这样才能保证燃烧产物在液体状态容易被吹走。若氧化物的熔点高，就会在切口表面形成固态氧化物薄膜，阻碍氧气流与下层金属接触，切割过程难以进行。

(3)金属在氧中燃烧时放出的热量要多，且金属本身的导热性要低，只有这样才能使下层金属迅速预热到燃点，气割过程不致间断。完全符合上述条件的只有纯铁、低碳钢、中碳钢和低合金钢等金属材料。高碳钢、高合金钢、不锈钢、铸铁和铜、铝及其合金都不能气割，而应采用等离子弧切割。

第五节　焊接结构生产工艺过程

一、焊接结构生产的一般工艺流程

材料的储存与复验→材料的除锈与矫正→放样画线和号料→下料→边缘及坡口加工→成形加工→部件装配和焊接→总体装配和焊接→焊接检验。

二、典型焊接结构的生产工艺过程

现以加强托架的焊接生产为例，说明一般生产工艺过程，其产品结构、技术要求及焊接工艺如表 3.8 所示。

表 3.8　加强托架的焊接工艺过程

工艺项目	说明
1.产品及技术要求	生产批量：小批量 技术要求：外观目检无明显变形及表面缺陷。内部探伤无裂纹及夹渣。 材料：焊件为低碳钢，填充金属也为低碳钢
2.备料及坡口准备	1.选用低碳钢材料。 2.用剪床下料，分别获得托架及加强板，并达到要求的尺寸。 3.用刨边机加工坡口，并达到要求的尺寸
3.成形及清理	1.托架可用折弯机弯曲成形。 2.清理托架及加强板待焊处的铁锈及油污
4.装配点固	1.将托架和加强板按设计尺寸要求装配到位，加强板坡口钝边间有 2mm 的间隙。 2.用 J422 焊条点固三部分的相对位置，点固后清渣

续 表

工艺项目	说明
5.焊接	1.先焊 7.5mm 的角焊缝,采用 J422 焊条,焊条直径 5.0mm,焊接电流 300A,交流电源,单道焊。 2.后焊加强板间的 Y 形坡口,按 1,2,3,4,5,6 顺序焊接,采用 J422 焊条,焊条直径 4.0mm,焊接电流 200A,交流电源
6.焊后检验	1.焊后用风铲清理焊道。 2.尺寸精度及变形大小的检验,超声波探伤。 3.修补消除已发现缺陷

第六节　常见焊接缺陷与检验

一、常见焊接缺陷

焊接生产中,由于材料如焊件材料、焊条等选择不当,焊前准备工作如清理、装配、开坡口、焊条烘干、工件预热等做得不好,焊接规范不符合要求然或操作技术不熟练等原因,常会造成各种焊接缺陷,降低焊接接头的性能。焊条电弧焊常见的焊接缺陷有以下几种。

1. 咬边

如图 3.28(a)所示,靠近焊缝的边缘上形成的凹陷称为咬边。这是由于焊件被熔化到一定深度,而填充金属没有补充足够所形成的。

2. 未焊透

如图 3.28(b)所示,焊件金属与焊缝金属局部未熔合好的现象称为未焊透。未焊透包括两种:根部未焊透、侧面未焊透。

3. 夹渣

如图 3.28(c)所示,焊后残留在焊缝中的熔渣称为夹渣。

4. 裂纹

如图 3.28(d)所示,焊接过程中或焊接后,在焊缝和焊缝附近的区域内出现的破裂现象称为裂纹。裂纹是一种最危险的缺陷,凡是裂纹都要彻底铲除重焊。

5. 气孔

如图 3.28(e)所示,焊接过程中,焊缝金属中的气体在金属凝固以前来不及逸出,而在焊缝中形成的孔穴称为气孔。气孔有表面气孔和内部气孔两种。

6. 烧穿

焊接过程中,熔化金属自坡口背面流出形成穿孔的缺陷称为烧穿。产生烧穿的原因是焊速过慢、电流过大或电弧在某处停留时间过长等等。装配间隙过大或开坡口时留的钝边太小,也都容易出现烧穿现象。应针对产生的原因采取相应的措施防止。

7. 变形

如图 3.28(f)所示,焊件出现上凸、下凹和翘曲等。

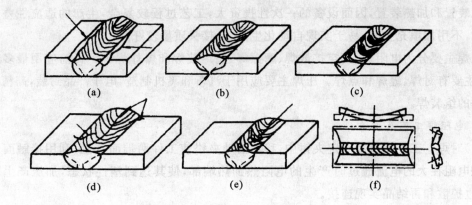

图 3.28 常见焊接缺陷

(a)咬边；(b)未焊透；(c)夹渣；(d)裂纹；(e)气孔；(f)变形

二、焊接检验方法

1. 外观检验

用肉眼或小于 20 倍放大镜检查焊缝区是否有表面气孔、咬边、未焊透、裂缝等可见缺陷，并检查焊缝外形及尺寸是否合格。外观检验合格以后，才能进行下一步的其他方法检验。

2. 磁粉检验

在强磁场中的焊缝表面撒上铁粉时，磁扰乱部位的铁粉就吸附在裂缝等缺陷之上，其他部位的铁粉并不吸附。所以可通过焊缝上铁粉的吸附情况，判定焊缝中缺陷的所在位置和大小。

3. 着色检验

在焊缝表面涂着色剂，待着色剂渗透到焊缝表面缺陷内，将焊缝表面擦净，涂上一层白色显示液，使缺陷内残留的着色剂渗至表面，显示出缺陷的形状、尺寸和位置。

4. 超声波检验

超声波具有能透入金属材料深处的特性，若焊缝及其附近内部存在缺陷，则根据脉冲反射波形的相对位置及形状，即可判断出缺陷的位置、种类和大小。

5. X 射线和 γ 射线检验

X 射线和 γ 射线都是电磁波，都能程度不同地透过金属。当经过不同物质时，会引起不同程度的衰减，从而使在金属另一面的照相底片得到不同程度的感光。若焊缝中有未焊透、裂缝、气孔与夹渣时，则通过缺陷处的射线衰减程度小，因此相应部位的底片感光较强，底片冲洗后就在缺陷部位上显示出明显可见的黑色条纹和斑点。

射线探伤质量检验标准按 GB3323《钢焊缝射线照相及底片等级分类法》来评定，共分四级，一级焊缝缺陷最少，质量最高，二、三级焊缝的内部缺陷依次增多，质量逐次下降，直到四级。

第七节 电 阻 焊

1. 电阻焊的特点、分类及应用

压焊是通过加压（可以加热或不加热）焊接工件的焊接方法。因此，在焊接过程中必须要有加压装置和加热装置,因而设备的一次性投资大,工艺过程较复杂,生产的适应性差。压焊生产时,不用加填充金属,易于实现自动化生产,且接头质量较好。

压焊主要分为电阻焊、真空扩散焊、摩擦焊、超声波焊和爆炸焊等。目前应用最多的是电阻焊,主要有对焊、缝焊和点焊。压焊主要应用于汽车和飞机制造,电子产品封装,高精度复杂结构件的组装焊。

2. 电阻焊工艺及设备

(1)对焊。工件夹持在固定夹钳中,移动活动夹钳使工件两端面接触,利用接触面上较大的接触电阻在大的电流通过时产生的电阻热加热端部,使其达到塑性状态,加压产生塑性变形,通过扩散和再结晶实现连接。

对焊的工作原理及焊机结构如图 3.29 所示,其供热装置是一台焊接变压器(降压变压器),变压器的次级电压只有几伏,而电流可达几千至几万安培。夹持机构用来使工件夹紧、导电和传递压力。加压机构用来使接头处产生塑性变形,以形成牢固的接头。

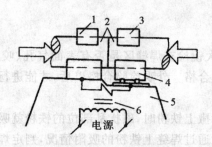

图 3.29 对焊原理及焊机结构

1—固定夹具; 2—工件; 3—活动夹具; 4—加压机构; 5—机架; 6—焊接变压器

根据通电和送进方式的不同,对焊可分为电阻对焊和闪光对焊两种。电阻对焊是先加压后通电加热,达塑性状态后断电、顶锻,冷却再结晶而形成接头。电阻对焊要求工件端面必须平整光洁,如图 3.30(a)所示。闪光对焊是先通电,后送进,局部接触,使微区凸起点高速加热至高温熔化,由于金属蒸发,压力过大而爆破飞出的金属微粒形成闪光。新的凸点重复上述过程,直至整个端面熔化,然后断电加压顶锻,挤出全部液态金属,使高温固态端面接触并产生塑性变形,冷却后形成牢固的接头。闪光对焊工件端面不须进行加工和清理,如图 3.30(b)所示。

(2)点焊。用上、下电极压紧工件,然后通以大电流,使工件接触面局部熔化形成熔核,断电冷凝后形成一个焊点。点焊的工作原理及焊机结构如图 3.31 所示,除电极结构之外,其余部件与对焊机相似。上、下铜合金电极,须通水冷却。上电极一般为可动加压电极。点焊主要用于 4 mm 以下低碳钢薄板的搭接焊,还可以焊接不锈钢、铜、钛等金属材料。

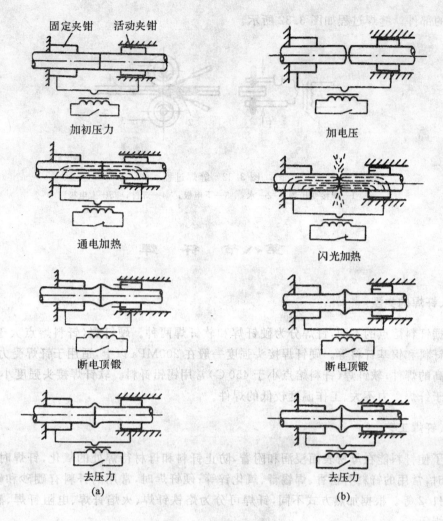

图 3.30 对焊过程示意图
(a)电阻对焊； (b)闪光对焊

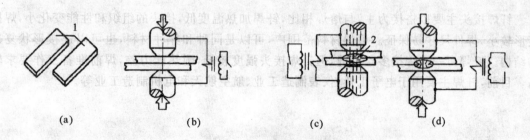

图 3.31 点焊机结构
(a)焊前准备； (b)预压； (c)通电焊接(加热)； (d)断电保持压力
1—焊件； 2—熔池

　　(3)缝焊。缝焊与点焊相似,其上、下电极为滚动盘状铜合金电极,随着电极的滚动并连续通电而获得连续的焊点,所以该缝焊可看做连续的点焊,它主要用于焊接水箱和油箱等密封要求较高的部件。缝焊过程如图 3.32 所示。

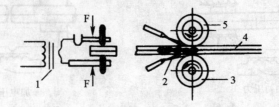

图 3.32 缝焊过程

1—焊接变压器； 2—水； 3—下电极； 4—焊件； 5—上电极

第八节 钎 焊

一、钎焊的类型

根据钎料熔点的不同,钎焊分为硬钎焊和软钎焊两种。硬钎焊(钎料熔点大于 450℃)常用铜基钎料和银基钎料等。硬钎焊接头强度一般在 200MPa 以上,适用于钎焊受力较大、工作温度较高的焊件;软钎焊(钎料熔点小于 450℃)常用锡铅钎料。软钎焊接头强度小于 70MPa,主要用于钎焊受力不大、工作温度较低的焊件。

二、钎焊工艺

为了使钎料能在母材表面浸润和附着,防止钎料和母材待焊处的氧化,钎焊时要用钎料。软钎焊时,常用的钎料有松香、焊锡膏、氯化锌等;硬钎焊时,常用的钎料有硼砂和硼酸的混合物或 QJ102 等。根据加热方式不同,钎焊可分为烙铁钎焊、火焰钎焊、电阻钎焊、感应钎焊和炉中钎焊等。

三、钎焊特点及应用

钎焊接头主要以搭接为主,与熔焊相比,钎焊加热温度低,接头的组织和性能变化小,焊接变形较小,焊件尺寸易保证。可焊材料范围广,可以是同种和异种材料,也可以连接形状复杂的结构。钎焊可一次焊接多条焊缝,但钎焊接头强度较低,耐热能力差,焊前准备工作要求较高。目前,钎焊主要用于电子工业、仪表制造工业、航空航天和电机制造工业等。

第四章　热处理

实习目标

实习内容	要求了解的基本知识	要求掌握的内容
热处理概论	1. 热处理的种类和目的； 2. 生产工艺过程及其特点	
退火与正火	1. 退火与正火的方法、目的； 2. 退火与正火所用设备	能独立操作简单工件的退火与正火处理
淬火与回火	1. 淬火与回火的目的； 2. 淬火与回火的基本过程； 3. 淬火与回火的常用冷却介质； 4. 回火的分类、重要性	1. 能独立操作碳素钢（如 45 钢）的淬火； 2. 能独立选择回火的种类
表面处理	1. 表面淬火处理； 2. 化学热处理	
钢的火花鉴别		用火花鉴别钢材

　　钢的热处理就是将钢在固态下，通过加热、保温和冷却等过程，以改变钢的组织，从而获得所需性能的工艺方法。

　　热处理工艺可以在很大程度上使金属的力学性能（如强度、硬度、塑性和弹性等）得到提高，从而在很大程度上扩大了材料的使用范围，提高了材料的利用率，节约了成本，有时也能保证常规的金属材料满足一些特殊的使用要求。因此，各类机床中有 80％的零件都要进行热处理，对于某些工具如刀具、量具以及重要的零件如轴承、曲轴，某些工具如模具 100％都要进行热处理，由此可见，热处理在机械制造中被广泛地应用。

　　根据热处理工艺的用途，热处理分为预备热处理和最终热处理（或称最后热处理）两种。其中，预备热处理的目的是为了改善前道工序遗留的缺陷（如锻造后退火主要是为了减小材料的硬度）和为后继加工准备条件（如淬火前进行退火主要是为了改善材料内部的组织）；最终热处理则在于满足零件的使用性能要求（如调制处理）。

　　加热温度、保温时间、冷却速度主要根据零件的性能要求来制定，因而有不同的热处理方法，如退火、正火、淬火、

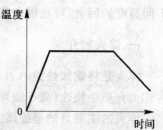

图 4.1　热处理工艺温度-时间关系

回火及表面处理等,如图 4.1 所示。在热处理时,加热温度、保温时间、冷却速度等参数有时也需要根据零件的形状、大小、材料及其成分来确定。各种热处理方法可根据零件在加工过程的要求,分别穿插在各个热加工和冷加工工艺中进行。

第一节　退火与正火

一、退火

退火是将钢加热到 A_{c3}(亚共析钢)或 A_{ccm}(过共析钢)线以上 30~50℃(对碳素钢而言 740~880℃)、保温一定时间,然后随炉冷却或埋入灰中使其缓慢冷却,以获得接近平衡组织的热处理工艺。

退火可达到的目的有:

(1)降低硬度,以利于切削加工或其他种类加工;

(2)细化晶粒,提高钢的塑性和韧性;

(3)消除内应力,并为淬火工序作好准备。

显然,退火主要用于铸件、锻件、焊件及其他毛坯的预备热处理。

二、正火

正火是将钢加热到 A_{c3} 线以上 30~50℃(亚共析钢)或 A_{ccm} 线以上 30~50℃(过共析钢)(对碳素钢为 760~920℃),保温后在空气中冷却的热处理工艺。

正火的目的与退火基本相似。由于正火的冷却介质为空气,所以其冷却速度比退火快,得到的组织比较细小,经正火后的工件,其强度和硬度较退火工件要高。因此,对于低碳钢之类的塑性和韧性较好、硬度低的材料,可以通过正火处理的方法提高其硬度,从而改善其切削性能。对于某些要求不太高的工件,可通过正火,提高它的强度、硬度,并作为工件的最终热处理,以提高效率。正火要比退火生产周期短得多,操作简便,设备利用率高。在能满足工件性能及加工要求的前提下,应尽量以正火代替退火,提高经济效益。

第二节　淬火与回火

淬火、回火是常用的热处理工艺,也是对钢进行强化的最常用的手段。通过淬火、配合以不同温度的回火,可在很大范围内改变钢的力学性能。

一、淬火简介

淬火是将钢加热到 A_{c3}(对于亚共析钢)线或 A_{c1}(对于过共析钢)线以上 30~50℃,保温后在淬火介质中快速(高于临界冷却速度)冷却,从而获得马氏体组织的热处理工艺方法。

淬火的主要目的是提高工件的强度和硬度,增加耐磨性及改善钢的性能。淬火是钢强化最经济有效的热处理工艺,经过淬火,钢的硬度大大提高。要获得优良的综合力学性能,工件淬火后必须回火。

淬火过程中,如果冷却速度过慢,可能造成材料硬度不足,达不到所要求的性能;如果冷却速度太快,则由于工件内、外温度差异很大,而且由于淬火生成的新相,引起体积变化的差异也很大,在材料内部产生较大的力,容易造成工件的变形及裂纹。因此,应根据工件的材料、形状和大小等,确定淬火的冷却速度,通常碳素钢需要的冷却速度较大,与碳素钢相比,合金钢所需的冷却速度较小。

二、淬火工艺

淬火时,除注意加热速度与保温时间两个重要参数外,还要注意合理选择淬火介质和工件浸入的方式。

1. 淬火介质

淬火介质也称淬火剂。常用淬火剂有水和油两种,此外也有盐水等。因为水价格低廉,来源丰富,使用过程中对环境造成的污染很小,而且基本上能满足淬火时冷却速度的要求,所以水作为淬火剂应用极为广泛。随温度的升高,水的冷却能力减弱,而且如果水中含有泥土、油等杂质,或含有较多空气时,水的冷却能力也会削弱,所以会影响工件在淬火时的冷却速度。为了避免由于在水中形成蒸汽膜而影响冷却效果,有时需要在水中加入盐或碱,以消除或削弱蒸汽膜对水的冷却能力的影响,从而提高工件的冷却速度。但是盐或碱的溶液成本提高,腐蚀性较大,而且淬火时有刺激性气味,为了保证工件淬火后不被腐蚀,工件在淬火后要仔细清洗。形状简单,截面较大的碳素钢工件,一般用水或盐水作为淬火剂。

油也是常用的淬火剂。油的冷却能力较水低,与水相比,在一定温度范围内油的冷却能力随温度的升高而增大。但油易燃,使用温度不能太高。淬火用油有植物油和矿物油两种。植物油具有好的冷却特性,但容易老化,现在基本上用矿物油。矿物油常用于合金钢工件和复杂形状的碳素钢工件的淬火,工件产生裂纹倾向较小。

2. 淬火工件浸入淬火介质的方式

淬火时,工件冷却速度可高达 1 200 ℃/s,为了避免、减小工件变形、开裂的倾向,为了保证工件得到最均匀的冷却,所以淬火工件浸入淬火剂的方式必须满足一定要求。具体的操作方法如图 4.2 所示。

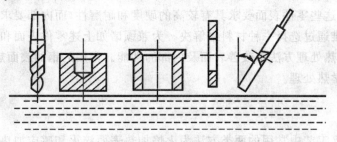

图 4.2　工件正确浸入淬火剂的操作方法

(1)钻头、丝锥、锉刀等细长工件必须垂直浸入;

(2)厚薄不匀的工件,厚的部分先浸入;

(3)薄壁环形零件,沿其轴线垂直于液面方向浸入;

(4)薄而平的工件,保证其轴线方向与液面平行快速浸入;

(5)截面不均匀的工件,应斜着浸入,以使工件各部分的冷却速度接近。

为了保证质量,提高淬火生产效率,淬火操作时,还要根据工件的形状和大小,设计好适用的夹具,方便操作。

三、回火

钢淬火后其硬度很高,将淬火钢重新加热到 A_{c1} 线以下某温度保温,然后以一定的速度冷却的热处理工艺,称为回火。

回火可以消除或部分消除在淬火时存在的应力,降低脆性、硬度,获得具有所需力学性能的工件。按照回火加热温度不同,回火常分为低温回火、中温回火和高温回火。

1. 低温回火

低温回火的温度范围为 150～250℃。经低温回火的工件仍具有较高的硬度,而且减少了淬火应力、降低了脆性、提高了塑性及韧性。对于某些要求硬度高、耐磨性好的工件,如量具、刃具、冷变形模具、滚珠轴承及表面淬火件广泛应用低温回火。

2. 中温回火

中温回火的温度范围为 350～450℃。与低温回火相比,经中温回火的工件内应力进一步减少,组织基本恢复为平衡态组织,因而此类工件具有很高的弹性,又具有一定的韧性和强度。中温回火主要应用于各类弹簧、高强度轴、轴套及热锻模具等工件。

3. 高温回火

回火的温度范围为为 500～650℃。淬火后再高温回火的处理称为调质处理。经高温回火的工件淬火后的内应力大部分消除,此时具有优良的综合力学性能:工件在保持一定强度和硬度的同时,又具有较好的韧性和塑性。轴、连杆、齿轮等零件对于大部分需要有较高综合力学性能的重要结构零件,都需经调质处理后再使用。一定程度上回火决定了工件最终的使用性能,它直接影响工件的质量和寿命。

第三节　钢的表面热处理

齿轮、凸轮轴、曲轴、主轴、机床导轨之类的零件,工作过程中可能受到动载荷的作用和强烈的摩擦。所以,这些零件表面要求具有较高的硬度和耐磨性,而内部要求有足够的塑性和韧性。这些要求很难通过选择一种材料来解决。为兼顾诸如上述零件表面和内部的不同性能要求,可以采用表面热处理方法来改善表面及内部的性能。常用的钢的表面热处理方法有两种,即表面淬火和化学热处理。

一、表面淬火

钢的表面淬火工艺中常用的两类方法为火焰加热表面淬火和感应加热表面淬火。

1. 火焰加热表面淬火

火焰加热表面淬火适用于材料中碳的质量分数为 0.3%～0.7% 的碳素钢,淬火深度为 2～6 mm。

如图 4.3 所示,火焰加热表面淬火是指奥氏体化的过程中,应用氧-乙炔或其他可燃气体火焰对工件表面进行加热,随后淬火的工艺。由此可见,火焰加热表面淬火设备简单,而且操作简便,所以成本低,也不受工件体积大小的限制,但因氧-乙炔焰温度较高,工件表面容易产生过热等缺陷,而且淬火层质量(如淬火层深度)控制比较困难,影响了这种方法的广泛使用。

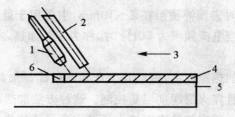

图 4.3　火焰表面淬火示意图

1— 烧嘴；　2—喷水管；　3—移动方向；　4—淬硬层；　5—工件；　6—加热层

2. 感应加热表面淬火

感应加热表面淬火指在奥氏体化的过程中，利用工件在交变磁场中产生感应电流，将工件表面加热到所需的淬火温度，然后快速冷却的方法。感应加热表面淬火是目前应用较广的一种表面淬火方法

感应加热的基本原理，线圈内通以交流电，将有交变的磁场产生，交变的磁场又将激发交变的电场，所以工件内部将产生电流（涡流），导体通过交流电源时，沿导体截面，电流分布很不均匀，在导体表面电流密度最大，导体中心，则电流密度趋于零，此现象称为集肤现象，随着交变电流频率变高，导体表面的电流密度愈大。由于工件具有电阻，感应加热就是利用交变电流的集肤效应，对工件表面进行加热。

如图 4.4 所示，感应加热的具体方法是首先将工件放在一个线圈中，线圈通过一定频率的交流电，此时线圈周围将会产生一个与上述交流电频率相同的交变磁场，于是在工件中就会感生同频率的感应电流，而且这个电流的方向与线圈中电流方向相反，所以在工件表面形成自行封闭的回路，故称为"涡流"。由于工件具有电阻，此涡流使电能变成热能从而加热工件。感应加热深度决定于电流的频率，因此，可通过控制电流的频率，控制工件的淬硬层深度。

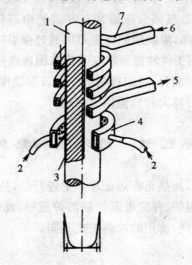

图 4.4　感应加热表面淬火示意图

1—工件；　2—淬火介质(水)；　3—淬火层；　4—喷水套；　5—淬火介质出口；　6—淬火介质入口；　7—感应圈

感应加热表面淬火根据电流频率分为三种：当电流频率在 200～300kHz 时为高频加热，此时淬硬层较浅，一般为 0.5～2.5mm，主要用于处理中、小型工件；当电流频率在 2 500～

8 000Hz时为中频加热,此时表面淬硬层在 2～10mm,主要用于处理淬硬层深度较大的、承受较大载荷和磨损的零件。当电流频率为 50Hz 时,称为工频加热,主要用于淬硬层深度更大的零件。

感应加热表面淬火的加热速度高,所以其生产效率极高。加热一个工件仅需几秒至几十秒,即可达到淬火温度,而且淬火层深度也易控制。这种方法加热时间短,故工件表面氧化、脱碳倾向较小,工件变形也小;感应加热表面淬火还可实现局部加热、连续加热,而且便于实现机械化、自动化。但高频感应设备价格昂贵、设备的维修和控制要求高,对每个工件要有相适应的感应器(线圈),故适合于形状简单、大批量生产的工件。

二、化学热处理

与其他热处理方法不同,化学热处理将改变材料的化学成分,它是将某些元素的活性原子渗入工件表面,从而改变工件表层的成分和组织以及性能,从而满足工件的特殊需要的热处理方法。

化学热处理一般可以强化工件表面性能,如提高表面的硬度和耐磨性等力学性能,有时还可提高工件表面的耐蚀性、耐热性及其他物理、化学性能。常用的化学热处理工艺主要有渗碳、渗氮、碳氮共渗、渗铝、渗铬、渗硅、渗硼等以及渗金属元素。钢的化学热处理不受零件生产批量和外形的限制,形状复杂的零件也可获得沿外廓分布较均匀的硬化层,而且可以通过保护,对工件局部进行化学热处理,但化学热处理的生产周期较长,适用于一些形状复杂、要求表面耐磨或其他特殊性能的工件。

钢的渗碳可以提高材料表面的含碳量,从而提高了材料表面的硬度及耐磨性,所以应用较广。渗碳工件所用原材料一般为低碳钢或低碳合金钢。渗碳的方法有气体渗碳、液体渗碳和固体渗碳。其中气体渗碳法操作简单,质量容易控制,应用较广。常用的气体渗碳介质是煤气、液化气、石油气、苯、丙酮等。气体渗碳通常在井式炉中进行,其加热温度为 900～950℃,渗碳速度一般为 0.2～0.3mm/h,渗碳层的深度可以通过保温时间控制,通常渗层深度可以达到 0.5～2.5mm,生产上可根据工件性能要求在一定范围内选择。

经渗碳后,工件表层的化学成分、组织得到改变。若要确保其表面的硬度和耐磨性能够得到充分地提高,仍需对工件进行淬火和低温回火处理。

第四节　热处理加热炉

加热是热处理的重要环节,加热是在热处理炉中进行的,热处理炉是热处理加热的专用设备,常用的热处理炉有箱式电阻炉、井式电阻炉和浴炉三种,此外,也有真空保护炉、可控气体保护炉等。根据热处理方法不同,所用的加热炉也不同。

一、箱式电阻炉

如图 4.5 所示为箱式电阻炉的结构。其中电热元件是用来加热的核心设备,热电偶用来测量炉内温度。按热处理炉工作时的工作温度,可将之分为高温炉、中温炉及低温炉三种,其中,中温箱式电阻炉最高工作温度为 950℃,应用最广,可用于碳素钢、合金钢的退火、正火、淬火和固体渗碳等处理。

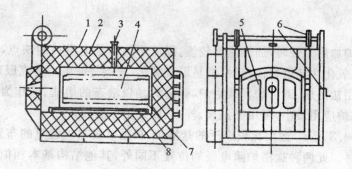

图 4.5 中温箱式电阻炉

1—炉壳； 2—炉衬； 3—热电偶孔； 4—炉膛； 5—炉门； 6—炉门升降机构； 7—电热元件； 8—炉底板

操作时，先打开炉门，装入工件，然后关炉门、通电升温、保温，加热过程中热电偶测温、控温。在操作过程中，必须准确控制加热温度及保温时间，以免因温度控制不当造成过热等缺陷。中温箱式炉的缺点是升温速度慢，热效率低，炉膛内温度不匀，如炉门处温度最低而且工件易氧化、脱碳，对于大型热处理炉，工件送进炉内及从炉内取出时操作人员劳动强度大。高温箱式炉与低温箱式炉的结构与中温箱式炉基本相似。高温箱式炉的加热元件为硅碳棒，其最高工作温度可达 1 300 ℃，可用于不锈钢、耐热钢、高合金钢、高速钢的淬火。

二、井式电阻炉

井式炉与箱式炉相比，有利于热量传递，而且炉顶可装风扇，使温度分布较匀。

如图 4.6 所示为井式电阻炉的结构。因炉口向上如井而得名。常用的井式电阻炉有中温井式炉、低温井式炉和气体渗碳炉三种。井式电阻炉通常应用吊车起吊工件，能减轻劳动强度，所以应用较广。中温井式炉最高工作温度为 950 ℃，由于细长工件可以在井式电阻炉中垂直放置，主要应用于长工件的淬火、退火和正火等热处理。而且热处理过程中克服了工件水平放置时，因自重引起的弯曲。与箱式电阻炉一样，靠炉口处因热气上升，热量外溢，温度偏低。

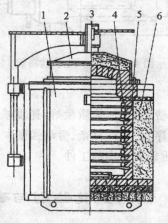

图 4.6 中温井式电阻炉示意图

1—炉壳； 2—炉盖； 3—千斤升降器顶； 4—电热元件； 5—炉衬； 6—保温层

三、盐浴炉

在使用电阻炉加热工件时,加热速度较慢、温度不均匀是电阻炉的缺点,而且在空气介质中加热时,工件与氧化性气氛直接接触,常易形成氧化、脱碳等缺陷。为克服这些不足,在热处理车间中还常采用盐浴炉、碱浴炉。盐浴炉、碱浴炉是以液态的熔盐、碱作为加热介质的加热设备,其中以盐浴炉应用最广,可用于正火、淬火、回火工件的加热。

如图 4.7、图 4.8 所示,运用比较广泛的盐浴炉,根据电极在炉膛里的布置,可以将其分插入式和埋入式两种。此两种盐浴炉除电极的位置不同外,其他结构基本相似。盐浴炉的炉膛截面形状有正方形、长方形、圆形等。因固态盐不导电,电极式盐浴炉启动时,首先需要借助在盐浴池内的活动电阻丝将电极周围的盐溶化,然后才能利用电极导电加热。

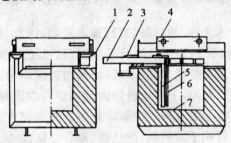

图 4.7 插入式电极盐浴炉

1—炉体; 2—电极外接板; 3—抽气管; 4—炉盖; 5—电极; 6—启动电极; 7—炉膛

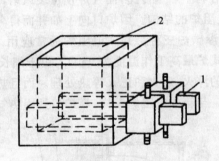

图 4.8 埋入式电极盐浴炉

1—电极; 2—炉膛

盐浴炉结构简单、制造方便、费用低、加热质量好、速度快,因而应用较广。但在盐浴炉加热时,存在着工件扎绑、夹持等工序,使操作复杂、劳动强度大、条件差、启动时升温时间长等缺点,因此,常用于中、小型且表面质量要求高的工件。

第五节 钢的火花鉴别与硬度测定

热处理生产过程中,火花鉴别与硬度测定是两种常用的比较简单而且行之有效的鉴别钢材类型及检验热处理质量的方法。本节将对上述两种方法进行介绍。

一、钢的火花鉴别

工业生产中常用的铁碳合金主要包括钢和铸铁。其中,当铁碳合金中的碳的质量分数小于 2.11％时,可以将其称之为钢;当铁碳合金中的碳的质量分数大于 2.11％时,可以将其称之为铁。钢是现代工业中应用最广的一种金属材料,按照化学成分可以将钢分为碳素钢及合金钢两种。对于碳素钢,根据含碳量的多少可将其分为低碳钢、中碳钢和高碳钢三种。对于合金钢,可以认为是以碳素钢为基础,再加入适量的其他合金元素而构成的合金。由于钢的品种很多,为便于保管、加工和使用,需要一种简易的方法来对其进行鉴别。在实际生产中,火花鉴别法是鉴别钢铁材料最简单而且行之有效的方法。将钢在砂轮上打磨观察其射出的火花的形状、颜色等特征来确定其成分的方法称为火花鉴别法。

1. 火花的形成及原理

当钢与高速旋转的砂轮接触时,钢与砂轮之间由于相对运动产生摩擦,所以温度升高,此时钢被高速旋转的砂轮切削成细小的碎屑高速抛出,由于此时温度很高,钢的碎屑在运行过程中将产生剧烈的氧化,加上碎屑运动速度快,所以与空气之间剧烈地摩擦,碎屑处在熔融状态,故碎屑的运动呈现出一束明亮的线条,此线条就是火花的流线。高温运行的碎屑被空气氧化,所以在表面形成氧化膜。由于上述碎屑中含有碳,在较高温度时,碳极易与氧化合而生成一氧化碳,当碎屑中积聚的一氧化碳的压力超过一定值时,会突破表面形成的氧化膜而逸出,这就形成爆花。对加有各种合金元素的合金钢,因合金元素的不同作用,所以形成的流线的颜色和爆花形态也各不一样。因此,可根据流线和爆花的形状、色泽,鉴别各类钢材的成分。

2. 火花各部分名称及特征

(1)火花束。如图 4.9 所示,钢材在砂轮上磨削时所产生的火花束根据与摩擦部位的距离可以分为三个部分:根部火花、中部火花和尾部火花。其中,火花最密集的一段为中部火花;从这部分火花可看出钢中含碳量的多少;对于合金钢,需要根据尾部火花的形状判断钢中含有的合金元素。

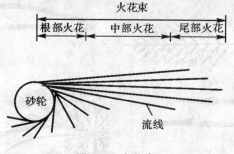

图 4.9 火花束

(2)流线。如图 4.10 所示,当火花呈线条状时,将此火花称为流线。根据流线的形状,通常可以将其分为三种:

1)如图 4.10 中线 a 所示,直线流线:形状比较平直,碳素钢及含有少量合金元素的合金钢都具有此流线;

2)如图 4.10 中线 b 所示,断续流线:常呈暗红色或暗橙色,一般含有钨、镍、铜的合金钢和灰铸铁有这种火花;

3)如图 4.10 中线 c 所示,波浪流线:形状呈波浪状,一般为红橙或橙色,在碳素钢或合金钢火花鉴别时,偶然产生。

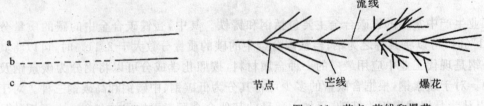

图 4.10　流线的类型　　　　　图 4.11　节点、芒线和爆花

(3)节点、芒线、爆花,如图 4.11 所示。

1)节点:火花中流线爆裂处,呈明亮而稍大的亮点;

2)芒线:节点爆裂时发射出来的流线称为芒线,对于某些铁碳合金,芒线中途又生节点,而且节点又射出芒线,散在芒线间的点状火花称为花粉;

3)爆花:由芒线爆裂形成的火花为爆花。爆花是碳元素特有的火花特征,爆花与合金的含碳量、温度、氧化性及钢的组织等因素有关。

由芒线、节点、花粉构成的爆花可分为一次爆花、二次爆花、三次爆花及多次爆花。通常当合金中的碳的质量分数小于 0.25% 时生成的爆花属于一次爆花,此类爆花属于低碳钢的火花特征;当合金中的碳的质量分数为 0.30%～0.60% 时生成的爆花属于二次爆花,此类爆花属于中碳钢的火花特征;当合金中的碳的质量分数为大于 0.60% 时生成的爆花属于三次爆花,此类爆花属于中碳钢的火花特征。

(4)尾花。流线尾部的火花统称为尾花。根据钢的化学成分不同,尾花可分为下列几种:

1)羽尾花,如图 4.12(a)所示,流线细而短,呈橙红色或暗红色,铸铁的火花特征。

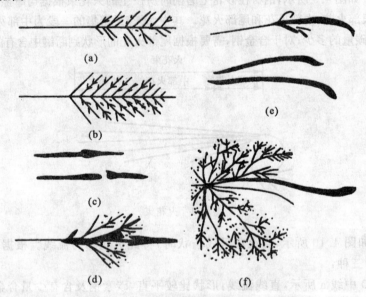

图 4.12　尾花

(a)羽尾花;　(b)直羽尾花;　(c)竹叶尾花;　(d)苞状尾花;　(e)狐尾尾花;　(f)菊状尾花

2)直羽尾花,如图 4.12(b)所示,芒线呈直线,亮白色、稍带橙色,含碳量较少的碳素钢的

火花特征。

3)竹叶尾花,如图 4.12(c)所示,竹叶和流线脱离较远,流线呈橙红色,钼元素的火花特征。

4)苞状尾花,如图 4.12(d)所示,喇叭花状,色黄、有时呈橙红色,铬钼钢和高锰钢的火花特征。

5)狐尾尾花,如图 4.12(e)所示,其长度及数量随钢中钨含量的增加而递减,色泽也由橙红逐渐变为暗橙再变为暗红。

6)菊状尾花,如图 4.12(f)所示,流线末端裂呈菊花形状、芒线和节花分叉极多、花粉密、分叉上有小花、色泽橙黄,铬钢的火花特征。

(5)色泽和光辉度,整个火花束或部分火花的颜色称为火花色泽;整个火花束或部分火花的明暗程度,称为光辉度。根据火花束的色泽和光辉度也可以判别钢中合金元素的种类和碳的含量。

由上述分析可见,对于铁碳合金,可以根据火花束中的流线、节点、爆花、尾花、色泽和光辉度等确定合金中的含碳量及含合金元素量。

3.常用钢的火花图例

(1)碳素钢火花特征。随着含碳量增加,流线形式由挺直转向抛物线,流线逐渐增多,火花束长度逐渐缩短,粗流线变细,芒线逐渐细而短,由一次爆花转向多次爆花,花的数量和花粉也逐渐增多,光辉度随着含碳量的升高而增加,砂轮附近的晦暗面积增大。在砂轮磨削时,手感也由软而渐渐变硬。

1)如图 4.13 所示,当碳的质量分数为 0.20％时 火花流线多,略呈弧形,火花束长,呈草黄色,带红,芒线稍粗,爆花呈多分叉,一次爆花。

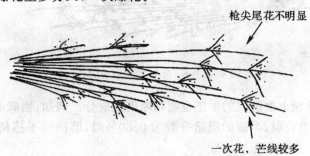

枪尖尾花不明显

一次花,芒线较多

图 4.13　w_C 为 0.20％碳钢的火花

2)如图 4.14 所示,当碳的质量分数为 0.40％时 整个火花束呈黄而略明亮。流线较细、多分叉而长,爆花接近流线尾端,呈多叉二次爆裂。

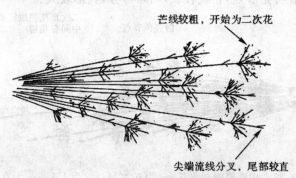

芒线较粗,开始为二次花

尖端流线分叉,尾部较直

图 4.14　w_C 为 0.40％碳钢的火花

3)如图 4.15 所示,当碳的质量分数为 0.80％时,火花束橙红带暗色,流线细,多而密,形状直而短,射力强,爆花呈多分叉、三次爆裂,芒线细密,花粉较多。

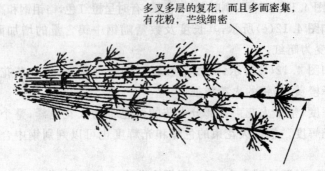

多叉多层的复花,而且多而密集,有花粉,芒线细密

尖端流线分叉,尾部较直

图 4.15 w_C 为 0.80％碳钢的火花

4)如图 4.16 所示,当碳的质量分数为 1.30％时,火花束短粗,呈暗红色,流线多,细而密,爆花为多次爆裂,花量多并重叠,碎花、花粉量多。

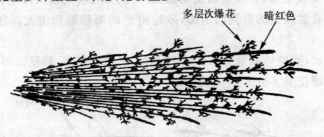

多层次爆花 暗红色

图 4.16 w_C 为 1.30％碳钢的火花

此外根据钢在砂轮上磨削时的手感也能判断钢的成分。例如,当碳的质量分数为 0.40％时,磨削时手感反抗力较弱;当碳的质量分数为 0.80％时,磨削时手感稍硬;当碳的质量分数为 1.30％时,磨削时手感较硬。

(2)合金钢的火花特征。合金钢的火花根据其加入合金元素的不同而改变,常用的几种合金钢火花特征如下:

1)中碳铬钢,如图 4.17 所示,火花束白亮,流线较含碳量相同的碳素钢要粗,量多,爆花属二次花,爆花核附近有明亮节点,芒线较长,明晰可分,花形较大。

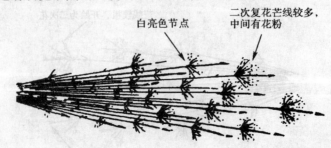

白亮色节点 二次复花芒线较多,中间有花粉

图 4.17 中碳铬钢的火花 w_C 为 0.40％;w_{Cr} 为 1％;w_{Mn} 为 0.70％

2)硅锰弹簧钢,如图 4.18 所示,火花束呈橙红色而微暗,根部为暗红色,流线粗、短,量多,爆花为二次爆裂,形小而稀散,芒线短而少。

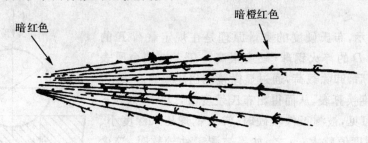

暗红色　　　　暗橙红色

图 4.18　硅锰弹簧钢的火花 w_C 为 0.60%;w_{Si} 为 $1.5\%\sim2\%$;w_{Mn} 为 0.80%

3)高速钢,如图 4.19 所示,火花束细长,呈赤橙色,发光暗,流线呈断续状,较长,量稀少,色较暗,膨胀性差,尾部呈短的狐尾尾花,此外,由于高速钢硬度较高,磨削时手感硬。

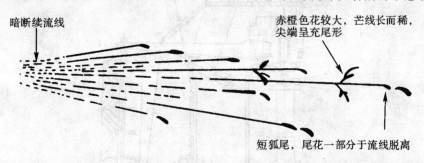

暗断续流线　　　　　　　　　赤橙色花较大,芒线长而稀,尖端呈充尾形

短狐尾,尾花一部分于流线脱离

图 4.19　高速钢的火花(w_C 为 0.42%;w_w 为 $8\%\sim10\%$;w_{Cr} 为 $1.5\%\sim2\%$;w_V 为 0.2%)

4.试验注意事项

需要精确鉴别钢的火花时,要求砂轮直径为 150mm,砂轮材料为氧化铝,粒度为 $36\sim60$ 目,而且需要准备一套标准试样进行比较。

在鉴别时,还需注意以下几点:

(1)砂轮转速需保持为 2 800~4 000 r/min,速度不宜太快或太慢,固定砂轮机或手提砂轮机均可;

(2)钢材与砂轮接触时需压力适中;

(3)为了避免造成视觉的估计错误,不宜在太暗处进行上述试验,而且试验时最好选择黑背景,为了增加分辨能力,试验者站在背光处;

(4)为了确保安全,钢材接触砂轮时,不要用力过猛。

二、硬度测定

硬度是材料抵抗硬物压入其表面的能力,它是金属材料力学性能的重要指标之一。

硬度试验所用设备简单,操作方便,不须制作专门的试样,几乎不会对材料的形状、尺寸造成破坏,所以,硬度测定是常用的热处理后工件质量的检验方法。

压入法是众多硬度试验方法中的一种,而且也是最常用的一种。其原理是:用一定的载荷将一个具有一定几何形状的压头压入被测工件的表面,而且在工件表面保持一段时间,通过测量压入的程度来确定其硬度值。常用的硬度指标有布氏硬度和洛氏硬度两种。

1. 布氏硬度测定

如图 4.20 所示,布氏硬度的测量原理是在规定载荷 F 的作用下,将直径为 D 的淬火钢球(硬度很高),压入被测金属表面,保持一定时间后,卸除载荷,通过显微镜测出压痕直径 d,再根据 d 值对照硬度换算表,从而得出布氏硬度值,以 HB 表示。

由上述分析可见,被测工件较硬时,淬火钢球压入深度小、压痕直径小,其硬度值就大;反之,如果被测工件较软时,淬火钢球压入深度大、压痕直径大,其硬度值就大。常用的 HB-3000 型布氏硬度计的结构如图 4.21 所示。

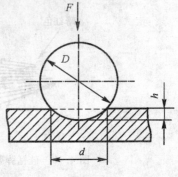

图 4.20　布氏硬度试验原理图

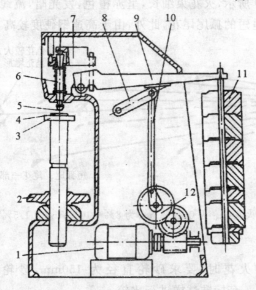

图 4.21　HB-3000 型布氏硬度计

1—电动机；　2—手轮；　3—工作台；　4—试样；　5—压头；　6—压轴；　7—小杠杆；
8—摇杆；　9—大杠杆；　10—连杆；　11—砝码；　12—减速器

2. 洛氏硬度

洛氏硬度测量时,以一个顶角为 120° 的金刚石锥体或直径为 1.588mm 的淬火钢球为压头,压入材料表面,保持一定时间,卸除载荷。根据压头和载荷的不同,分 HRA,HRB,HRC 三种。现以 HRC(金刚石压头)的测定为例说明之。

由上述分析可见,洛氏硬度以主载荷使压头压入工件后的残余压入深度 $h = h_3 - h_1$ 来表示。如果直接以残余压入深度 h 来表示时,材料越软,压入越深,硬度值越大,这与人们习惯上的概念不一致。为了与人们的习惯保持一致,采用一常数 K 减去 $(h_3 - h_1)$ 来表示材料的硬度值,而规定每压入 0.002mm 为一硬度单位(即硬度计刻度表盘上一小格)。所以洛氏硬度值可用下式计算:

$$HRC = K - (h_3 - h_1)/0.002$$

式中　h_1——预加载荷压入试件深度,mm;

　　　　h_3——卸除主载荷后压入试件深度,mm;

　　　　K——常数,采用金刚石压头时,$K=0.2$,采用钢球压头时,$K=0.26$。

实际测量时,可以从硬度计表盘上直接读出洛氏硬度值。

第五章　金属切削加工基础知识

实习目标

实习内容	要求了解的基本知识	要求掌握的内容
切削加工	1.车、铣、刨、磨等切削加工种类； 2.车、铣、刨、磨的主运动和进给运动	1.切削三要素； 2.刀具材料选择
切削加工质量	1.加工精度的概念； 2.表面质量的概念	
量具使用	1.会使用钢尺、卡钳等简单量具； 2.学会使用指示表类量仪、卡规、塞规	能独立使用游标卡尺、百分尺、千分尺

第一节　概　述

一、切削加工

金属切削加工是使用金属切削刀具并借助刀具与工件间的切削运动切除工件毛坯上多余的金属，使其达到图纸规定质量要求的工艺过程。

金属切削加工可分为机械加工和钳工两部分。

机械加工是指通过工人操作机床来完成切削加工的过程。常用的机床有车床、铣床、刨床、磨床、钻床、镗床和齿轮加工机床等，对应的加工方法称为车削、铣削、刨削、磨削、钻削、镗削、齿轮齿形加工等。

钳工指通过工人手持工具进行切削加工，加工方法有锯、錾、锉、刮、研、攻丝、套扣等。

二、切削运动

机床为实现加工所需要的加工工具与工件间的相对运动叫切削运动，包括主运动和进给运动。

1. 主运动

形成机床切削速度或消耗主要动力的工作运动叫主运动。主运动是切削金属所需要的最基本的运动，是切削运动中速度最高、消耗功率最大的运动。如车削时工件的旋转，钻、铣、磨中刀具的旋转，牛头刨床刨削时刀具的往复直线运动等。

2. 进给运动

使工件的多余材料不断被去除的工作运动叫进给运动。进给运动是使刀具不断地对金属层进行切削，从而加工出完整表面所需的运动。如车削外圆时，刀具沿工件轴线方向的直线运动，牛头刨床刨削平面时工件的横向间歇直线移动。进给运动速度低、功耗也较少。

切削加工中，主运动只有一个，而进给运动可以是一个或多个。主运动和进给运动可由刀具和工件分别完成，也可由刀具单独完成。几种常见切削加工方法的的切削运动如图 5.1 所示。

车削　　　钻削　　　铣削　　　刨削　　　磨削

图 5.1　常见切削加工方法的切削运动

1—主运动；　2—进给运动

三、切削用量

切削加工中，衡量工作运动量大小的参数称为切削用量。它包括切削速度、进给量和背吃刀量三个要素。

1. 切削速度 v_c

切削速度是指刀具切削刃上的选定点相对于工件主运动的瞬时速度。通常以切削部位上，切削刃和工件沿主运动方向相对移动的最大速度作为其切削速度。

当主运动为旋转运动时（如车削、铣削等），

$$v_c = \frac{\pi D n}{1\,000 \times 60}$$

式中　D——工件加工面（或刀具）的 直径 ，mm；

　　　　n——工件或刀具的转速，r/min。

当主运动为往复直线运动时（如刨削），

$$v_c = \frac{2 L n_r}{1\,000 \times 60}$$

式中　L——往复直线运动行程长度，mm；

　　　　n_r——主运动每分钟往复次数，str/min。

2. 进给量 f

进给量是指在主运动的一个循环内（或单位时间内），刀具和工件之间沿进给方向相对移动的距离。当主运动为旋转运动时（如车削），进给量表示工件每转一转刀具所移动的距离，单位为 mm/r。当主运动为往复直线运动时（如刨削），进给量表示刀具每往复一次工件移动的距离，单位为 mm/str。

3. 背吃刀量 a_p

背吃刀量是待加工表面与已加工表面间的垂直距离，又称切削深度，单位为 mm。

切削用量三要素是影响切削加工质量、刀具磨损、机床动力消耗及生产率的重要参数。

四、切削热与切削液

切削过程中,变形和摩擦所消耗的功,大部分都转化为热能,使切削区温度升高。所产生的切削热传入工件会使其发生变形、影响加工精度,传入刀具会使其磨损加剧。

合理选择切削用量、刀具材料和几何参数可减少切削热的产生,此外,通常使用切削液可以有效地减少切削热对工件和刀具的不利影响。切削液可以吸收大量的热,使工件和刀具得到冷却,还可以起润滑作用,减少切屑、工件和刀具之间的摩擦以降低切削温度。

五、常用刀具材料

1. 对刀具材料的要求

在切削过程中,刀具的切削部分要受到很高的温度、压力和摩擦力的作用,因此其材料必须具有以下性能:高硬度、热硬性、强韧性和耐磨性等。

(1)高硬度。刀具材料常温下的硬度应高于工件材料的硬度的 2 倍以上,一般不低于 HRC60。

(2)热硬性。刀具材料在高温下仍能保持高硬度的特性称热硬性。热硬性越好,刀具允许的切削速度就越高。

(3)强韧性。刀具材料应具有足够的强度和韧性以承受切削力、振动和冲击作用,防止刀具崩刃和脆性断裂。

(4)耐磨性。刀具材料应具有良好的耐磨性以提高刀具耐用度和刀具寿命。

此外,为了便于制造刀具,刀具材料还应具有一定的工艺性,如可锻性、焊接性、切削加工性等。

2. 常用刀具材料

常用的刀具材料有碳素工具钢、普通合金工具钢、高速钢和硬质合金。碳素工具钢和普通合金工具钢的热硬性较差,高速切削时不能保持硬度,仅用于手动和低速工具。高速钢和硬质合金是机械加工中应用最广泛的两种刀具材料。

(1)高速钢。高速钢又称"锋钢",是含有较多钨、铬等合金元素的高合金工具钢,典型牌号有 W18Cr4V,W6Mo5Cr4V2 等。其性能特点为较高的强度、韧性、耐磨性和较高的热硬性。高速钢刀具通常做成整体结构,当刀具尺寸很大时,可做成镶片式结构。铣刀、钻头、齿轮刀具等常用高速钢制造。

(2)硬质合金。硬质合金是由碳化钨、碳化钛等耐磨性、耐热性很高的碳化物和黏结剂钴用粉末冶金的方法制成的合金。它不仅硬度高(HRC70～75),且热硬性比高速钢好(能耐 850～1 000℃高温),允许的切削速度是高速钢的 4～10 倍。常用硬质合金有以下三类:

1)由碳化钨和钴组成的钨钴类硬质合金(YG)。这类硬质合金韧性好,硬度、耐磨性差,适于加工铸铁、青铜等脆性材料。常用牌号有 YG6,YG8 等,其后数字为钴含量的百分数。

2)由碳化钨、碳化钛和钴组成的钨钛钴类硬质合金(YT)。这类硬质合金的硬度和耐磨性较钨钴类好,但韧性较差,适于加工钢零件。常用牌号有 YT15,YT30 等,其后数字为碳化钛含量的百分数。

3)在钨钛钴类硬质合金中加入少量碳化钽或碳化铌组成的通用硬质合金(YW)。这类硬质合金的韧性、耐磨性均较好,既适于钢材的加工又适于铸铁等脆性材料的加工。常用牌号有

YW1,YW2。

由于硬质合金工艺性较差,通常用粉末冶金方法制成各种形状的小刀块,然后用机械固定或用钎焊的方式安装在刀具的切削部位上。

第二节 切削加工质量

切屑加工质量包括工件的加工精度和表面质量。加工精度是指工件加工后,其实际的尺寸、形状和位置等几何参数与理想状态的符合程度。符合程度越高,即加工误差越小,则加工精度就越高。表面质量是指工件经切削加工后的表面粗糙度及表层的加工硬化、残余应力、金相组织状态等,它们对零件的使用性能有很大影响。

一、加工精度

加工精度包括尺寸精度、形状精度和位置精度。

尺寸精度是指工件加工后的实际尺寸与设计的理想尺寸相符合的程度。尺寸精度的高低用尺寸公差来体现。尺寸公差是允许零件尺寸的变化范围,用以控制尺寸误差的大小和判断零件的加工尺寸是否合格。国家标准规定,确定尺寸精度的标准公差等级分为 20 级,分别用 IT01,IT0,IT1,IT2,…,IT18 表示,由前至后同一尺寸的公差值依次增大,即尺寸精度依次降低。常用的公差等级为 IT6～IT11。IT12～IT18 为未注尺寸公差的公差等级。

形状精度是指零件上的线、面要素的实际形状相对于理想形状的准确程度。形状和位置精度用形状和位置公差(简称形位公差)来体现。

二、表面质量

在切削加工过程中,由于刀具留下的刀痕、工艺系统中的振动等原因,在工件已加工表面不可避免地要产生微小峰谷。这些微小峰谷的高低程度和间距状况称为表面粗糙度,也称微观不平度。国家标准规定了表面粗糙度的评定参数,最常用的是表面轮廓算术平均偏差 $R_a(\mu m)$。

第三节 常用量具与使用

一、钢尺

钢尺是不可卷的钢质板状量尺,如图 5.2 所示,是最简单的长度测量工具,常用来测量精度要求不高的零件或毛坯。常见的钢尺有 150mm,300mm 等规格,一般尺面除有公制刻线外,有的还有英制刻线。

图 5.2 钢尺

二、卡钳

卡钳是一种间接量具,使用时须有钢尺或其他刻线量具的配合。卡钳有外卡钳和内卡钳之分,如图5.3所示,前者测量外表面,后者测量内表面。测量时卡钳的正确使用很关键,过松或过紧或歪测,均会造成较大测量误差,因此它只用于测量精度要求不高的工件。

图5.3 外卡钳和内卡钳

三、游标卡尺

游标卡尺是一种测量精度较高的量具,如图5.4所示,可以直接测出零件的内径、外径、宽度、长度和深度的尺寸值,在生产中应用非常广泛。

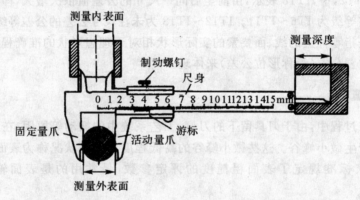

图5.4 游标卡尺

游标卡尺的读数准确度有 0.1mm, 0.05mm, 0.02mm 三种,图5.5所示为准确度为 0.02mm的游标卡尺的刻线原理及读数方法。主尺每小格1mm,副尺每小格0.98mm,副尺共 50小格,主、副尺每小格之差为0.02mm。读数值等于副尺零位指示的主尺整毫米数加上副尺与主尺重合处的线数乘以0.02mm的小数部分。

图5.5 游标卡尺的刻线原理及读数方法
(a)刻线原理; (b)读数方法

游标卡尺是一种精密量具,使用时要特别小心,主要应注意以下几点:

(1)使用前应将卡爪闭合,观察主、副尺零线是否重合,如有误差,测量读数时注意修正。

(2)测量时游标卡尺测量方位应放正,不可倾斜。例如,测量内、外圆直径时应垂直于轴线。

(3)测量时用力适当,不可过紧,也不可过松。

(4)未经加工的毛面不要用游标卡尺测量,以免损伤卡爪的测量面,降低卡尺测量精度。

游标尺类量仪除游标卡尺外,还有游标深度尺、游标高度尺和游标量角器等,它们的读数原理相同,分别用于测量深度、高度和角度。

四、百分尺

百分尺是比游标卡尺更精密的量具,测量准确度可达 0.01mm,有外径百分尺、内径百分尺及深度百分尺等,如图 5.6 所示。

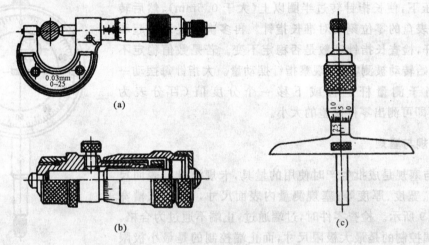

图 5.6　百分尺

(a)外径百分尺; (b)内径百分尺; (c)深度百分尺

百分尺的工作原理是应用测微螺旋副将微小直线位移转变为便于目视的角位移。如图 5.7(a)所示,其读数机构由固定套筒和活动套筒组成。测微螺杆与活动套筒固定在一起,活动套筒的圆周上刻有 50 格刻度(即副尺)。活动套筒每转动一周,螺杆沿轴向移动一个螺距(0.5mm)。因此,活动套筒每转过一格,螺杆轴向移动距离为 0.5mm/50=0.01mm。

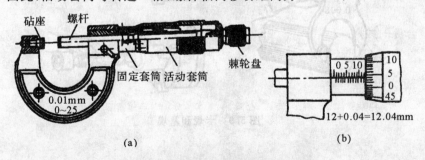

图 5.7　外径百分尺的结构和读数方法

(a)外径百分尺结构; (b)读数示例

百分尺读数值等于副尺（活动套筒）所显露的主尺上的数值（应为 0.5mm 的整倍数）加上主尺基线所指示的副尺的格数乘以 0.01mm 的小数部分，如图 5.7(b)所示。

使用百分尺的注意事项与使用游标卡尺类似，需要注意的是，当测量螺杆即将接触工件表面时，必须用手旋转棘轮盘，直到打滑为止，以保证预定的测量压力，使读数准确。

五、指示表类量仪

指示表类量仪是百分表、千分表、杠杆百分表、杠杆千分表的总称。它是借助于齿轮传动或杠杆齿轮传动机构，将测量杆的直线位移转变为指针的回转角位移的指示量仪。其主要用途是测量形位误差或用比较法测量相对尺寸。

如图 5.8 为百分表的外观。使用百分表时，通常装在与其配套的表座或支架上。测量时，测量杆与被测表面应垂直，并且将测量杆压下，使长指针转过半圈以上（大于 0.5mm），然后转动表盘，使表盘的零位刻线对准长指针。再多次轻轻地拉起和放松测量杆，检查长指针读数是否稳定不变。若是数值稳定不变，才能开始转动被测零件，观察指针摆动量。大指针每摆动一小格，相当于测量杆上移或下移一个分度值（百分表为 0.01mm），即可测出零件误差的大小。

图 5.8　百分表

六、卡规与塞规

卡规与塞规是成批生产时使用的量具，卡规测量外表面尺寸，如轴径、宽度、厚度等；塞规测量内表面尺寸，如孔径、槽宽等，如图 5.9 所示。检查零件时，过端通过，止端不通过为合格。卡规的过端控制的是最大极限尺寸，而止端控制的是最小极限尺寸。塞规过端控制的是最小极限尺寸，止端控制的则是最大极限尺寸。

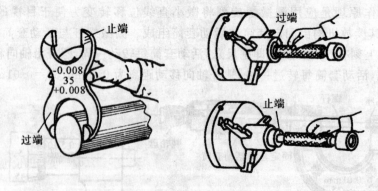

图 5.9　卡规和塞规

第六章　车削加工

实习目标

实习内容	要求了解的基本知识	要求掌握的内容
概述	1. 车工的地位和作用，车床的种类，车床的加工范围。 2. 车床的组成部分及车床的传动系统。 3. 车工的安全生产技术。 4. 车床操作的基本要点	1. 熟悉各部位手柄、滑板、刀架的作用。 2. 掌握安全技术和机床的保养。 3. 空运转练习
车外圆	1. 工件与刀具安装。 2. 切削方法与步骤。 3. 切削运动的三要素。 4. 外圆加工的种类、端面、外圆、台阶、锥度、切槽、切断以及打中心孔。 5. 外圆加工的基本方法及刀具	1. 工件的几种装夹方法及校正方法。 2. 刀具的选择、使用及装夹方法。 3. 按三要素合理选择切削用量。 4. 能完成外圆工件的车削加工
量具	1. 车工常用的量具如钢板尺、游标卡尺、千分尺、塞规、以及卡钳、卡板等使用方法及使用范围。 2. 量具的保养方法	能合理使用钢板尺、游标卡尺及量规、卡钳
综合件的工艺分析	1. 典型车削的工艺分析方法。 2. 车削加工前的技术准备工作内容	1. 运用各课题的基本知识完成典型件(拉伸试件和小锤)的车削加工。 2. 能基本上编排车削工艺过程

第一节　概　述

车削加工是机械加工中最常用的一种方法，主要用于加工各种回转表面，其中包括内外圆柱面、内外圆锥面、内外螺纹、成形面，还可以加工端面、沟槽以及滚花等，如图 6.1 所示。

车削加工具有如下特点：

(1)适应性强，应用广泛，适用于加工不同材质、不同精度的各种旋转体类零件。

(2)所用的刀具结构简单，制造、刃磨和安装都较方便。

(3)切削力变化小，较刨、铣等切削过程平稳。

(4)可选用较大的切削用量,生产率较高。

(5)车削加工精度较高,一般所能达到的尺寸公差等级为 IT11～IT6,表面粗糙度 R_a 值为 12.5～0.8 μm。

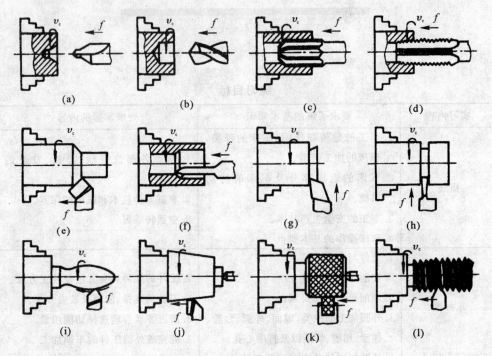

图 6.1　车工加工范围

(a)钻中心孔；　(b)钻孔；　(c)铰孔；　(d)攻螺纹；　(e)车外圆；　(f)镗孔

(g)车端面；　(h)切槽与切断；　(i)车成形面；　(j)车锥面；　(k)滚花；　(l)车螺纹

车削加工的主要设备是车床。机器零件中带回转体表面的零件非常多,因此车床在机械加工中占有重要的地位,各类车床约占金属切削机床总数的 50% 左右。

第二节　车　床

车床的种类很多,主要有普通车床、六角车床、自动及半自动车床、仪表车床、仿形车床、数控车床等。其中,普通车床是最常用的车床,它的特点是适应性强,适用于加工各种工件。下面以 C6132 卧式车床为例,说明普通车床的编号与组成。

一、普通车床的编号

机床编号均采用汉语拼音字母和阿拉伯数字,按一定规则组合编码,以表示机床的类型和主要规格。在普通车床 C6132 编号中,各字母与数字所表示含义为

C—车床类；6—普通车床组；1—普通车床型；32—最大加工直径为 320mm

普通车床 C6132 的旧型号为 C616,编号中字母和数字的含义为

C—车床类；6—普通车床组；16—主轴中心到床面的距离为 160mm

二、普通车床主要组成

图 6.2 所示为 C6132 型普通车床的外形图。组成部分主要有床身、变速箱、主轴箱、进给箱、溜板箱、刀架、尾座等。

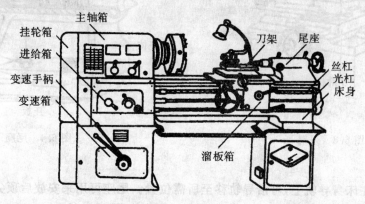

图 6.2　C6132 车床外形图

1. 床身

床身用于支承和安装车床各个部件，并且保持各部件的相对正确位置。床身上面有供刀架和尾座纵向移动用的导轨。床身固定在床腿上，床腿用地脚螺钉固定在地基上。

2. 主轴和主轴箱

主轴为空心结构，便于穿过长棒料。主轴前端的外锥面可安装卡盘等夹具以便装夹工件。主轴右端有螺纹，用以连接卡盘、拨盘等附件。内有锥孔，用于安装顶尖。主轴箱用于支承主轴，内有变速机构。

3. 变速箱

变速箱安放在左床腿内腔中。变速箱内有变速机构，通过转换变速手柄的位置可得到 6 种不同的转速。再通过主轴箱内的变速机构，可使主轴获得 12 种转速。大多数普通车床的主轴箱和变速箱是一体的，称为床头箱。

4. 进给箱

进给箱固定在床身左前面，内装进给传动的变速机构，可使光杠或丝杠获得不同的转速，以调整进给量，或在车螺纹时调整螺纹的螺距。

5. 光杠和丝杠

光杠、丝杠将进给箱的运动传给溜板箱。自动走刀用光杠，车削螺纹用丝杠。

6. 溜板箱

溜板箱是进给运动的操纵箱，与刀架相连，它可将光杠传来的旋转运动变为车削时所需要的纵向或横向的直线运动，也可操纵对开螺母使刀架由丝杠直接带动车削螺纹。

7. 刀架

刀架用来夹持车刀使其作纵向、横向或斜向进给运动。刀架为多层结构，由小滑板、中滑板、转盘及方刀架组成，如图 6.3 所示。

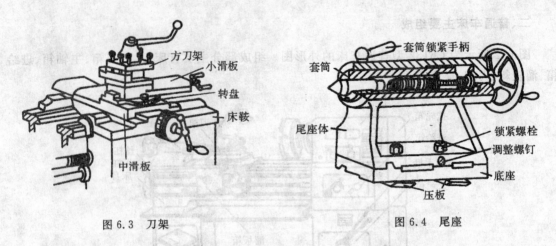

图 6.3　刀架

图 6.4　尾座

8. 尾座

尾座安装在床身导轨上,可沿导轨移至所需位置。尾座可用来安放后顶尖,以支持轴类工件的外伸端,也可安装钻头、铰刀等孔工刀具。其结构如图 6.4 所示。

三、C6132 车床的传动系统

C6132 车床传动系统如图 6.5 所示。电动机输出的动力,经皮带传动传给变速箱、主轴箱,通过变速箱、主轴箱外的手柄变换位置,从而使主轴得到各种不同的转速。主轴通过卡盘带动工件作旋转运动(主运动)。同时,主轴的旋转通过交换齿轮、进给箱、光杠(或丝杠)、溜板箱的传动,使拖板带动装在刀架上的车刀沿床身导轨或大拖板上导轨作纵、横直线进给运动。

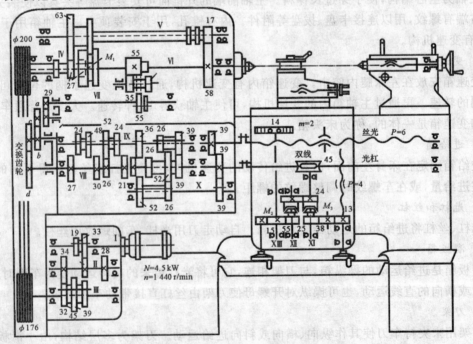

图 6.5　C6132 车床传动系统

<h1>第三节 车 刀</h1>

<h2>一、车刀的组成及结构要素</h2>

车刀由刀头和刀杆组成,如图 6.6 所示。刀头为车刀的切削部分,刀杆是车刀的夹持部分。

车刀切削部分有以下结构要素:

(1)前刀面。前刀面是刀具上切屑流过的表面。

(2)主后刀面。主后刀面是刀具上与工件上新形成的过渡表面相对的面。

(3)副后刀面。副后刀面是刀具上与工件的已加工表面相对的面。

(4)主切削刃。主切削刃是前刀面和主后刀面的交线,担负着主要的切削任务。

(5)副切削刃。副切削刃是前刀面和副后刀面的交线,担负少量的切削任务。

(6)刀尖。万尖是主切削刃和副切削刃的相交部分,通常是一段过渡圆弧。

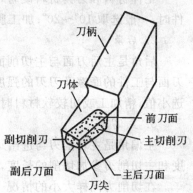

图 6.6 车刀组成及结构要素

<h2>二、车刀的几何角度</h2>

车刀的几何角度是在三个相互垂直的参考平面内测量的,它们是主切削平面、基面和正交平面,如图 6.7 所示。当车刀正常安装(刀尖点与工件等高,切削刃水平)且进给速度较低时,主切削平面可以认为是铅垂面,基面可以认为是水平面,正交平面为垂直于主切削刃所做的剖面。

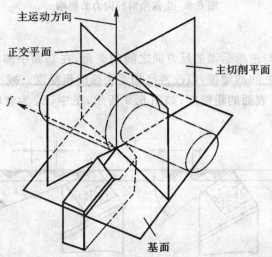

图 6.7 车刀角度的参考平面

车刀切削部分在参考平面中的位置形成了车刀的几何角度。车刀的主要角度有前角（γ_0）、后角（α_0）、主偏角（K_r）、副偏角（K'_r）和刃倾角 λ_s。

1. 前角

前角是前刀面与基面的夹角，在正交平面中测量。其大小主要影响切削刃的锋利程度和切削刃的强度。前角越大，刀刃锋利，越利于切削，但前角过大，会削弱切削刃的强度，造成崩刃。

工件材料和刀具材料硬时，前角应取小值；精加工时应取大值，如用硬质合金车刀加工钢件时，一般选取 $10°\sim20°$；加工脆性材料时，一般选取 $5°\sim15°$。

2. 后角

后角是主后刀面与主切削面之间的夹角，在正交平面中测量。其作用是减小车削时主后刀面与工件的摩擦及刀刃的强度和锋利程度。一般为 $3°\sim12°$。粗加工或切削较硬材料时应选小值；精加工或切较软材料时应选大值。

3. 主偏角

主偏角是主切削刃与进给运动方向的夹角，在基面中测量。较小的主偏角，可增加刀尖强度和主切削刃参加切削的长度，使散热条件较好，改善切削条件，对延长刀具使用寿命有利。

在切削力同样大小的情况下，小的主偏角，会使工件的径向力显著增大，如图 6.8 所示。图中，κ_r 为主偏角，F 为车刀所受的力。在车削细长轴时，易将工件顶弯而影响零件的加工精度。因此，主偏角应选大些，常采用 $70°$ 和 $90°$ 的车刀。车刀常用的主偏角有 $45°,60°,75°$ 和 $90°$ 等几种。

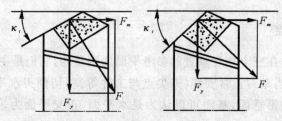

图 6.8　主偏角对径向力的影响

4. 副偏角

副偏角是副切削刃与进给运动的反方向之间的夹角，在基面中测量。其主要作用是减小副切削刃同已加工表面之间的摩擦，以改善已加工表面的粗糙度。减小副偏角，可减小切削后的残留面积，减小已加工表面的粗糙度，如图 6.9 所示，图中，a_p 为背吃刀量，κ'_r 为副偏角，f 为进给量。

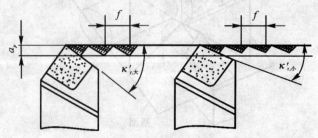

图 6.9　副偏角对表面粗糙度的影响

5．刃倾角

刃倾角是在主切削平面中测量的主切削刃与基面之间的夹角。其主要作用是影响切屑的流向和刀头的强度。当刀尖为主切削刃最低点时，刃倾角 λ_s 为负值，切屑流向已加工表面；当刀尖为主切削刃最高点时刃倾角 λ_s 为正值，切屑流向待加工表面；当主切削刃与基面平行时，$\lambda_s = 0°$，切屑沿垂直于主切削刃的方向流出。一般 λ_s 取 $-5° \sim +10°$。精加工时，λ_s 应取正值或零值；粗加工或切削较硬材料时，为提高刀头强度，λ_s 应取负值。

三、车刀的种类和用途

车削加工中，加工不同的表面和工件常需要采用不同种类的车刀，常用的车刀种类如图 6.10 所示。

1）偏刀用来车削工件的外圆、台阶和端面。

2）弯头车刀用来车削工件外圆、端面和倒角。

3）切断刀用来切断工件或在工件上切出沟槽。

4）镗孔刀用来镗削工件的内孔。

5）圆头刀用来车削工件台阶处的圆角和圆槽或车削特形面工件。

6）螺纹车刀用来车削螺纹。

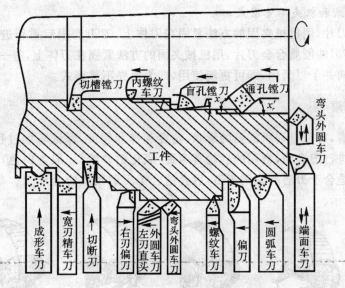

图 6.10　常用车刀种类

7）硬质合金不重磨车刀，这种刀片不须焊接，用机械夹固方式安装在刀杆上。当刀片切削刃磨损后，只须转过一角度即可使用刀片上新的切削刃继续切削，大大缩短了换刀时间，提高了刀杆利用率，刀片使用寿命较长。

四、车刀的结构形式

车刀从结构上分为焊接式、整体式、机夹重磨式和机夹不重磨式等结构形式，如图 6.11 所示。

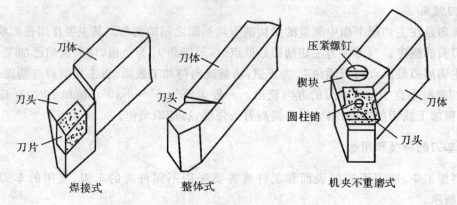

图 6.11　车刀的结构形式

1. 焊接式

它指将硬质合金刀片焊在刀头部位。不同种类的车刀可使用不同形状的刀片。

2. 整体式

整体式的刀头切削部分是靠刃磨得到的。整体车刀的刀头和刀体部分采用同种材料制成,多为高速钢,一般用于低速精车。

3. 机夹重磨式和机夹不重磨式

将硬质合金刀片,用机械夹固的方法紧固在刀体上,刀刃磨损后重新进行刃磨,即为机夹重磨式;将多边多刃的硬质合金刀片,用机械夹固的方法紧固在刀体上,等一刀刃磨损后,只须将刀片转一个方向并予以紧固,即可更新使用,即为机夹不重磨式。

五、车刀的刃磨

车刀经过刃磨,可以得到所需要的形状、角度和锋利程度,保证车削过程能顺利进行。车刀是在砂轮机上进行刃磨的,常用的砂轮有两种:氧化铝砂轮(一般为白色)和碳化硅砂轮(一般为绿色),前者适合于刃磨高速钢车刀,后者适合于刃磨硬质合金车刀。车刀刃磨的步骤和姿势如图 6.12 所示。

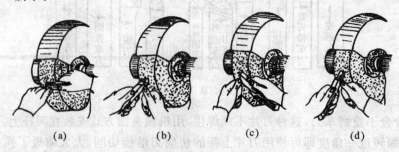

图 6.12　车刀的刃磨

(a)磨前刀面;　(b)磨主后刀面;　(c)磨副后刀面;　(d)磨刀尖圆弧

车刀刃磨时应注意以下事项:

(1)磨刃时,人要站在砂轮侧面,启动砂轮后双手拿稳车刀,用力要均匀,倾斜角度应合适,并使受磨面轻贴砂轮,切勿用力过猛,以免挤碎砂轮,造成事故。

（2）刃磨的车刀应在砂轮圆周面上左右移动，使砂轮磨耗均匀，不出沟槽，应避免在砂轮两侧面用力粗磨车刀，以至砂轮受力偏摆、跳动，甚至破碎。

（3）磨高速钢车刀时，发热后应置于水中冷却，以防止车刀升温过高而回火软化。但磨硬质合金车刀时，刀头磨热后应将刀杆置于水内冷却，避免刀头过热急冷而产生裂纹。

六、车刀的安装

车刀的安装对它的使用效果影响很大，进而影响切削过程能否顺利进行和工件的加工质量。如果车刀安装得不正确，即使车刀的几何角度合适，车刀的工作角度也会不合适。

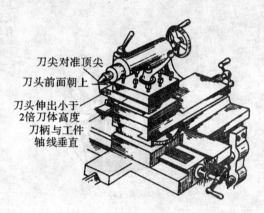

车刀安装应注意以下几点，如图 6.13 所示。

（1）车刀刀尖应与车床的主轴轴线等高，可根据尾座顶尖的高度用垫片来调整。

（2）车刀刀杆应与主轴轴线垂直，以保证正确的主偏角。

（3）刀杆伸出刀架不宜过长，否则在车削时易产生振动，一般应为刀杆厚度的 1.5～2 倍。

图 6.13　车刀的安装

（4）刀杆垫片应平整，尽量用厚垫片，以减小垫片数量，一般不超过 2～3 片。

此外，装好刀具后应检查车刀在工件的加工极限位置时，有无相互干涉或碰撞的可能。

第四节　工件的安装

用机床加工工件时，应正确地安装工件，以保证工件位置准确，同时工件还必须夹紧，以承受切削力，保证工作时安全。在车床上安装工件时，一般应使加工表面的中心线与车床主轴的中心线重合。车床上常用的装夹附件有三爪卡盘、四爪卡盘、顶尖、中心架、跟刀架、花盘、心轴和弯板等。

一、卡盘装夹

1. 三爪卡盘装夹

三爪卡盘是车床上最常用的通用夹具，其结构如图 6.14 所示。

卡盘内有均布的三个小伞齿轮，小伞齿轮中心有四方孔，用卡盘扳手插入四方孔可转动小伞齿轮。任一个小伞齿轮转动时，均能带动大伞齿轮转动。大伞齿轮背面的平面螺纹与三个卡爪背面的平面螺纹相啮合，可带动三个卡爪沿卡盘体的径向槽同时作向心或离心移动，以夹紧或松开工件。

三爪卡盘能自动定心，但定心精度不高（跳动误差可达 0.05～0.08mm，且重复定位精度较低），夹紧力较小。三爪卡盘还附带三个"反爪"，换到卡盘体上即可用来安装直径较大的工件。常见的三爪卡盘装夹工件的方式如图 6.15 所示。

用三爪卡盘安装工件的步骤如下：

（1）将工件在卡爪间放正，轻轻夹紧。

（2）开车，使主轴低速旋转，检查工件有无偏摆。若有偏摆，应停车后轻敲工件纠正，然后紧固工件，固紧后，须及时取下扳手，以保安全。

（3）停车，移动车刀至车削行程的最左端，用手转动卡盘，检查是否与刀架碰撞。

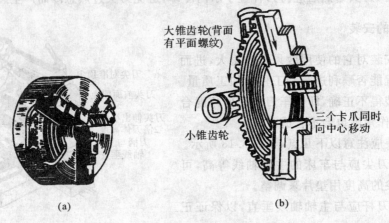

图 6.14　三爪卡盘
（a）外形；　（b）内部结构

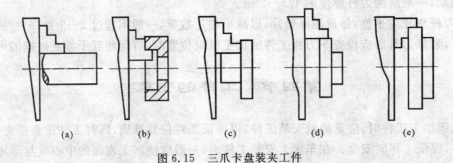

图 6.15　三爪卡盘装夹工件
（a）夹持棒料；　（b）用卡爪反撑内孔；　（c）夹持小外圆；　（d）夹持大外圆；　（e）用反爪夹持大直径工件

2. 四爪卡盘装夹

四爪卡盘也是车床上最常用的通用夹具，其外形如图 6.16 所示。它的四个卡爪通过四个调整螺丝独立移动，它比三爪卡盘的夹紧力大。四爪卡盘不能自动定心，但通过校正可达到很高的精度。例如装夹工件用划针盘找正时，如图 6.17 所示，安装精度可达 0.02～0.05mm；若用百分表找正安装精度可达 0.01mm。

图 6.16　四爪卡盘外形

图 6.17　用划针盘找正

四爪卡盘既可以装夹圆形截面工件，也可以装夹截面是方形、长方形、椭圆或其他不规则形状的工件。需要注意的是，在安装工件时须仔细进行找正工作。

二、顶尖装夹

加工长度较长或工序较多的轴类零件时，为了保证每道工序内及各道工序间的加工要求以及同轴度要求，用两顶尖装夹工件，如图 6.18 所示。

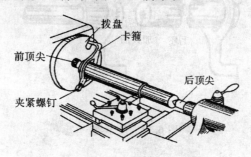

图 6.18　两顶尖装夹工件

用顶尖安装工件的步骤如下：

（1）在轴的两端打中心孔。安装工件前，应用中心钻在车床或钻床上钻出中心孔，钻孔前应先将工件的两个断面车平。中心孔有普通中心孔和双锥面中心孔两种形状，如图 6.19 所示。

图 6.19　中心孔
（a）普通中心孔；　（b）双锥面中心孔

中心孔由圆柱孔和圆锥孔两部分组成。圆锥孔用来定位，其锥面和顶尖相配合，一般都为 $60°$。前面的小圆孔是为了保证顶尖与锥面能紧密地接触，此外还可以存留少量的润滑油。双锥面的 $120°$ 锥面又叫保护锥面，可防止 $60°$ 的锥面被碰坏而不能与顶尖紧密地接触，另外，也便于在顶尖上加工轴的端面。

（2）安装校正顶尖。顶尖是借尾部锥面与主轴或尾架套筒锥孔的配合而装紧的，因此安装顶尖时，必须先擦净锥孔和顶尖，然后用力推紧，以防装不牢或装不正。

校正时，把尾架移向床头箱，检查前、后顶尖是否对准，否则轴将车成锥体。校正时可调整尾座横向位置，使两顶尖对准，如图 6.20 所示。

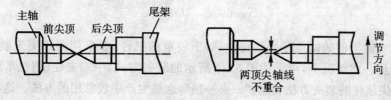

图 6.20　校正顶尖

— 115 —

(3)安装工件。首先在轴的一端安装卡箍(又叫鸡心夹头),稍微拧紧卡箍的螺钉。另一端的中心孔涂上黄油。但如用活顶尖,就不必涂黄油。对已加工表面,装卡箍时应该垫上一个开缝的小套或包上薄铁皮以免夹伤工件,如图 6.21 所示。

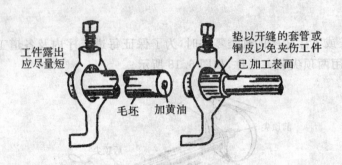

工件露出应尽量短　毛坯　加黄油　垫以开缝的套管或铜皮以免夹伤工件　已加工表面

图 6.21　装卡箍

在双顶尖上安装工件的步骤如图 6.22 所示。

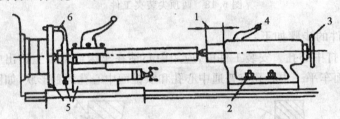

图 6.22　在双顶尖上安装工件的步骤

1—调整套筒伸出长度;　2—将尾架固定;　3—调节工件与顶尖的松紧;　4—锁紧套筒;
5—刀架移至车削行程左端,用手转动拨盘,检查是否会碰撞;　6—拧紧鸡心夹头

常用顶尖有普通顶尖(死顶尖)和活顶尖两种,如图 6.23 所示。前顶尖一般用活顶尖,其刚性好,定心准确。在高速切削时,后顶尖与中心孔摩擦,发热量大,为了防止其磨损或烧坏,常采用活顶尖。活顶尖不如普通顶尖准确度高,常用于轴的粗加工或半精加工。若轴的精度要求比较高,只能采用低速加工的前提下,采用死顶尖作为后顶尖。

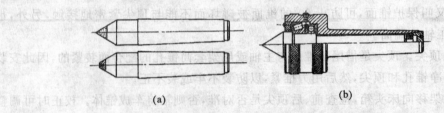

(a)　(b)

图 6.23　死顶尖和活顶尖

(a)死顶尖;　(b)活顶尖

用两顶尖安装工件的缺点是刚性较差,对于较重的工件,如果用两顶尖安装很不稳固,难以提高切削用量。此情况下,可采用图 6.24 所示的装夹方式,一端夹住(用三爪或四爪卡盘),另一端用后顶尖顶住的装夹方法,称为"一夹一顶",也是生产中较常用的方法。这种装夹方法比

较安全,工件刚性好,轴向定位准确。为了防止工件由于切削力的作用而产生轴向位移,必须在卡盘内装一个限位支撑或利用工件的台阶作限位,这样,加工时就能承受较大的轴向切削力了。

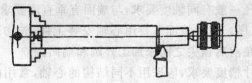

图 6.24 一夹一顶装夹工件

三、中心架与跟刀架的应用

加工细长轴时,为了减小因工件刚性不足引起的加工误差,常采用中心架或跟刀架,起辅助支撑作用。

1. 中心架

如图 6.25 所示,中心架固定在床身导轨上,三个可调节的爪支撑在预先加工好的工件外圆上,起固定支撑作用。一般多用于阶梯轴及长轴的车端面、打中心孔及加工内孔等。

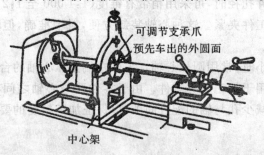

图 6.25 中心架

2. 跟刀架

与中心架不同的是,跟刀架固定在大拖板上,并随之一起移动。使用跟刀架需先在工件上靠后顶尖的一端车出一小段外圆,根据它来调节跟刀架支撑爪的位置和松紧,然后再车出零件的全长。跟刀架主要用于加工细长的光轴,如图 6.26 所示。

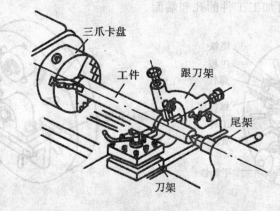

图 6.26 跟刀架

四、心轴装夹

盘套类零件的外圆、孔一般有同轴度要求,与端面有垂直度要求。这就需要在加工时在一次装夹中完成全部加工工序。此种情况下要用心轴安装工件,先加工孔,然后以孔定位,安装在心轴上,再把心轴安装在前后顶尖之间来加工外圆和端面。

根据工件的形状、尺寸精度要求,应采用不同结构的心轴,常用的有锥度心轴和圆柱体心轴,如图 6.27 所示。

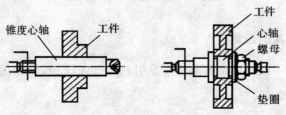

图 6.27 心轴装夹工件

当工件长度大于工件孔径时,可采用稍带有锥度(1:1 000 至 1:2 000)的心轴,靠心轴圆锥表面与工件的变形而将工件夹紧。这种心轴装卸方便,对中准确,但不能承受较大的力矩,多用于精加工盘套类零件。

当工件长度比孔径小时,常用圆柱心轴。工件左端紧靠心轴的台阶,右端由螺母及垫圈压紧,因此夹持力较大,多用于加工盘类零件。由于零件孔与心轴之间有一定的配合间隙,对中性较差,因此,应尽可能减少孔与轴的配合间隙,以保证加工精度的要求。

五、花盘装夹

花盘是一个直径较大的铸铁圆盘,其中心的内螺纹孔可直接安装在车床主轴上,上面的 T形槽用来穿压紧螺栓。当加工形状较复杂的支座、壳体类零件上的孔、台阶和端面时,常采用花盘进行装夹 。先要将壳体、支座的底面(定位基面)加工完毕,再以花盘装夹进行有关的加工。

常用的花盘装夹方法有花盘压板装夹和花盘弯板装夹。

图 6.28 所示为花盘压板装夹,将工件底面直接安放在花盘的端面上,找正后用螺栓、压板夹紧,再装上平衡铁,即可加工工件的孔和端面。

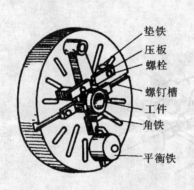

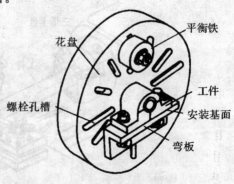

图 6.28 花盘压板装夹工件   图 6.29 花盘弯板装夹工件

如图 6.29 所示为花盘弯板装夹,加工轴承座的孔和端面时,需要先在花盘上装好 90°的弯板,再把已加工完的底面的轴承座装在弯板上进行加工。

用花盘或花盘加弯板安装工件时,应调整平衡铁进行平衡,以防止加工时因工件及弯板的重心偏离旋转中心而引起振动。

六、车床操作要点

1. 刻度盘及刻度盘手柄

操作车床时,必须熟练地使用中溜板和小溜板上的刻度值,才能正确迅速地掌握背吃刀量。

加工外圆表面时,手柄和刻度盘顺时针旋转时,车刀向工件中心移动,称为进刀;手柄和刻度盘逆时针旋转时,车刀由工件中心向外移动,称为退刀。加工内圆表面时,情况正好相反。

由于丝杠和螺母间存在间隙,一旦手柄转过了头或试切后发现尺寸不对,需要退刀时,刻度盘不能直接退到所要求的刻度。为了消除丝杠和螺母之间的间隔,应反转约一圈后转至所需的刻度值上。

2. 对刀和试切、试量

对刀、试切、试量是控制工件尺寸精度的必要手段,也是机床操作者的基本功,必须熟练掌握。

(1)对刀。对刀的目的是能够较准确地控制背吃刀量,防止盲目进刀,以免造成废品或造成事故。

对刀的方法是:先使工件旋转,将刀尖慢慢接近工件,当刀尖接触工件时,将车刀纵向右移远离工件,记下横向手柄刻度的读值,然后准备试切、试量。

(2)试切、试量。工件在车床上安装后,要根据工件的加工余量来决定背吃刀量和走刀次数。粗车时,可根据刻度盘来进刀;而半精车和精车时,为了保证工件的尺寸精度,只靠刻度盘进刀是不行的,这就需要采用试切的方法。

3. 粗车与精车的概念

零件的一个表面车削往往需要多次走刀才能完成。为了保证加工质量,提高生产率,生产中常把车削加工分为粗车和精车。先粗车,后精车。

(1)粗车。粗车的目的是尽快地从毛坯上切去大部分加工余量。使工件接近于最后形状和尺寸,粗车以提高生产率为主,车削中加大背吃刀量,对提高生产率有利,而对车刀的寿命影响又小。因此,粗车时切削用量应考虑刀具和工件材料等因素,在机床动力及工件、夹具、机床刚度足够的条件下,首先取大的背吃刀量,尽量把多余的金属一次切去;其次取较大的进给量;最后根据已选取的背吃刀量决定切削速度。

粗车后应留下 1~2mm 作为精车余量。

(2)精车。精车是切除粗车或半精车后余下的金属层(一般为 1~2mm),使工件达到图纸上的尺寸要求。精车的目的是保证零件尺寸精度和表面粗糙度。一般精车后的精度为 IT8~IT7,表面粗糙度 R_a 值为 3.2~1.8μm。

4. 车床空车练习注意事项

操作时,主轴变速及走刀变速,必须停车进行,主轴转速不超过 360r/min,尽量采取低速;走刀量调整一般在 0.12~0.17mm/r 之间为宜;先开车,后走刀;先停走刀,后停车;注意刀架部分的行程极限;防止碰卡盘爪和尾架;横向移动刀架时,向前不超过主轴轴心线,向后横溜板不超过导轨面;工作完毕,溜板必须停在尾架一端。

第五节　典型车削加工工艺方法

一、车外圆

外圆车削是车削加工中最基本、最常见的加工方法。常用的外圆车刀有普通外圆车刀、弯头刀和偏刀,如图 6.30 所示。

普通外圆车刀用来加工外圆面;45°弯头刀既可加工外圆面,又可加工端面;90°偏刀用来加工带垂直台阶的外圆和端面。在车削细长轴时,为减小背向力,防止工件被顶弯,也常用90°偏刀车外圆面。

车外圆时,除了要保证图样的标注尺寸、公差和表面粗糙度外,还应注意形位公差的要求,如垂直度和同轴度的要求。

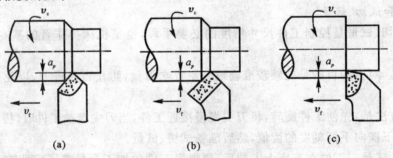

图 6.30　外圆车削及常用车刀
(a)普通外圆车刀;　(b)45°弯头刀;　(c)90°偏刀

二、车端面

端面经常作为零件轴向的定位、测量基准,车削加工中一般首先将其车出。端面车削方法及常用刀具如图 6.31 所示。

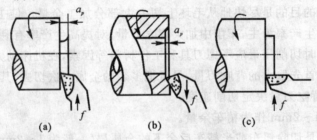

图 6.31　端面车削及常用车刀
(a)右偏刀车端面;　(b)右偏刀车带孔端面;　(c)左偏刀车端面

45°弯头车刀车端面时,参加切削的是车刀主切削刃,切削顺利,因此工件表面粗糙度小,适用于车削较大的平面。右偏刀车端面时,参加切削的是车刀的副切削刃,切削起来不顺利,表面粗糙度较大,它适用于车削带台阶和端面的工件。对于有孔的工件,用右偏刀车端面时是由中心向外进给。这时是用主切削刃切削,切削顺利,表面粗糙度较小。

另外,车端面时要注意以下几点:

(1)车端面时,车刀刀尖应对准工件中心,以免车出的端面中心留有凸台,造成崩刃,如图 6.32 所示。

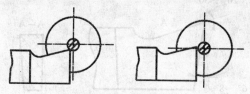

图 6.32　车刀刀尖应对准工件中心

(2)车较大端面时,由于切削速度的变化,使得端面内、外部分粗糙度不一致,近中心的部分较粗糙,因此应适当提高车速,而且从中心向外走刀为好。

(3)车直径较大的端面时,为避免端面出现凹心或凸肚现象,应将车刀压紧,并将大拖板锁紧在床身上。

三、车台阶

所谓台阶是指轴、套类零件相邻两直径不同圆柱面的接合处,多为直角台阶。台阶高度小于 5mm 的称为低台阶,大于 5mm 的称为高台阶。车台阶可看做车外圆和端面的组合加工,车削时需要兼顾外圆的尺寸精度和台阶的长度要求。

车削高台阶时,应分层纵向进行切削,在末次纵向进给后,车刀横向退出车出台阶,如图 6.33(a)所示。车低台阶时,可在车外圆的同时车出台阶,如图 6.33(b)所示。

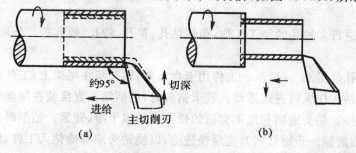

图 6.33　车台阶

为使台阶长度符合要求,可用刀尖预先车出比台阶长度略短的刻痕作为加工界限。要求较低的台阶长度可直接用大拖板刻度盘来控制;长度较短,要求较高的台阶可用小拖板刻度盘控制其长度。

四、切断与切槽

1. 切断

切断主要用于圆棒料按尺寸要求下料或把加工完成的工件从坯料上分离下来。

切断用的刀具是切断刀,它具有一个主切削刃和一个主偏角以及两个副切削刃和两个副偏角,如图 6.34 所示。切断一般在卡盘上进行,工件的切断处应靠近卡盘,避免在靠近顶尖处切断。切断时要尽可能减小主轴以及刀架滑动部分的间隙,以免工件和车刀振动,使切削难以进行。即将切断时,须放慢进给速度,以免刀头折断。与车端面类似,切断刀刀尖也必须与工件中心等高,否则刀头容易损坏。

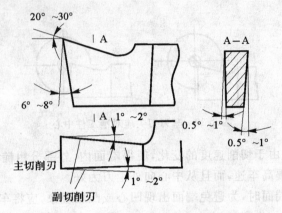

图 6.34　切断刀

2. 切槽

切槽与车端面很相似,切槽用的刀具是切槽刀,其结构与切断刀相似。

切 5mm 以下窄槽,可以使主切削刃和槽等宽,一次切出。刀具安装时,主切削刃平行于工件轴线,刀尖与工件轴线同一高度。切宽槽时,可分几次来完成,先沿纵向分段粗切,再精切,切出槽深及槽宽。

五、钻孔

在车床上可进行多种孔的加工工作,包括钻孔、扩孔、铰孔、镗孔等。下面主要介绍在车床上钻孔。

在车床上钻孔如图 6.35 所示。工件用卡盘装夹,钻头装在尾架上,工件旋转为主运动,摇动尾架手轮可使钻头作纵向进给运动。装卡钻头时,锥柄钻头直接装在尾架套筒的锥孔中,直柄钻头用钻卡夹持。钻头锥柄和尾架套筒的锥孔必须擦干净、套紧。钻削时,切削速度不应过大,以免钻头剧烈磨损。开始钻削时宜缓慢进给,以便钻头准确地钻入工件,然后加大进给量。孔钻通后,应先退出钻头,然后停车。钻削过程中,须经常退出钻头排屑。钻削碳素钢时,须加冷却液。另外,为了便于钻头定中心,防止钻偏,钻孔前应先将工件端面车平,最好在端面车出小坑。

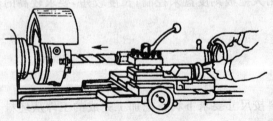

图 6.35　车床上钻孔

六、车锥面

常用的锥面车削方法有小刀架转位法、偏移尾架法、宽刀法和靠模法。

1. 小刀架转位法

如图 6.36 所示,将小刀架旋转一定的角度(可通过中拖板上的刻度确定)紧固转盘后,可以转动小拖板手柄使车刀斜向进给车出圆锥面。此法操作简单,但受小刀架行程的限制,只能加工短锥面。由于不能自动进给,锥面粗糙度值较高。

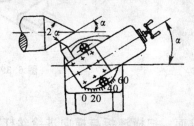

图 6.36　小刀架转位法车锥面

2. 偏移尾架法

如图 6.37 所示,装夹工件时,将后顶尖向前或向后偏移一定距离,使工件的回转轴线与纵向进刀方向的夹角等于圆锥斜角,纵向进给车刀即可车出锥面。

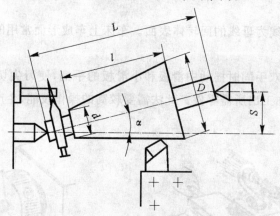

图 6.37　偏移尾架法车锥面

图中,尾座偏移量 $S = L\sin\alpha$;当 $a < 8°$ 时,$\sin\alpha \approx \tan\alpha$,$S = L\tan\alpha = L(D-d)/2l$。

此法只能用来加工轴类零件或安装在心轴上的盘、套类零件的锥面。由于可以自动进给,因此表面粗糙度低。但是,由于尾架偏移量有限,故只能车削小锥度的锥面。

3. 宽刀法

图 6.38 所示为宽刀法车锥面,用宽刀(又称样板刀)主切削刃垂直切入,直接车出圆锥,要求宽刀刀刃必须平直。它适用于批量生产长度较短的内外圆锥,此法的优点是方便、迅速,能加工任意角度的锥面。缺点是加工圆锥不能太长,并要求机床与工件具有较好的刚性。

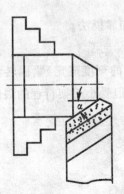

图 6.38 宽刀法车锥面

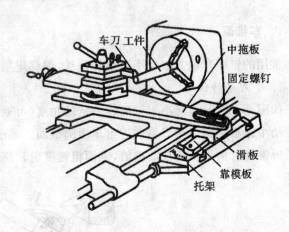

图 6.39 靠模法车锥面

4. 靠模法

图 6.39 所示为靠模法车锥面。把横溜板与横向进给丝杠脱开，并把横溜板与靠模尺相连，然后调整靠模尺的斜度与工件锥面的斜度相同，于是纵溜板沿床身导轨移动时，车刀就沿靠模尺进退，即能车出所需的锥面。对于较长的外圆锥和圆锥孔，当其精度要求较高而批量又较大时常采用这种方法。

七、车成形面

成形面是各种以曲线为母线的回转体表面。车床上车成形面常用的方法有以下几种：

1. 双手控制法

如图 6.40 所示，用双手同时摇动中滑板和小滑板的手柄，使刀尖切削的轨迹与所需成形面的轮廓尽量相符，以加工出所需零件。此法需要较高的操作技能，生产率低，精度也低，多用于单件小批生产。

图 6.40 双手控制法车成形面

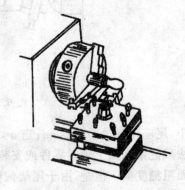

图 6.41 成形刀车成形面

2. 用成形刀车成形面

如图 6.41 所示，成形车刀的刀刃曲线与成形面的母线完全相符，只需一次横向进给即可车出成形面。为了减少成形刀的切除量，可先用尖刀按成形面形状粗车，再用成形刀精车成形。

3. 用靠模车成形面

靠模车成形面与靠模车锥面原理相同。其特点为生产率高,工件的互换性好,但制造靠模增加了成本,故主要用于成批生产中车削长度较大,形状较为简单的成形面。

八、车螺纹

1. 螺纹的种类

螺纹按不同的分类标准可分为不同的种类。按标准可分为公制螺纹与英制螺纹;按用途又分为连接螺纹和传动螺纹;按牙型不同又分为三角螺纹、梯形螺纹、方牙螺纹等,如图6.42所示。其中以三角螺纹应用最广,称为普通螺纹。

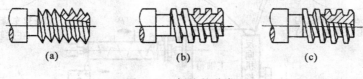

(a)　　　　　　(b)　　　　　　(c)

图 6.42　螺纹的种类

(a)三角螺纹; (b)方牙螺纹; (c)梯形螺纹

2. 螺纹的车削

车削螺纹的基本技术要求是保证螺纹的牙型和螺距精度,并使相配合的螺纹具有相同的中径。

(1)螺纹车刀及其安装。车削各种牙型的螺纹,都应使螺纹车刀切削部分的形状与螺纹牙型相符。通常螺纹车刀的前角取0°,当粗加工或螺纹要求不高时,其前角可取正值。

安装螺纹车刀时,车刀刀尖必须与工件中心等高,车刀刀尖的等分线须垂直于工件回转中心线,应用对刀样板来安装车刀,如图6.43所示。

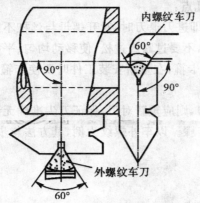

图 6.43　螺纹车刀的对刀方法

(2)车床的调整。车削螺纹前应正确调整车床,主要注意以下几点:

1)保证工件的螺距。车削螺纹时,工件由主轴带动,车刀由丝杠带动,以保证工件与车刀之间正确的运动关系。如图6.44所示。工件旋转一周,车刀必须准确地移动一个螺距,因此需要保证如下关系:

$$n_1 p_1 = n_2 p_2$$

式中　　n_1——丝杠的转速；

　　　　p_1——丝杠的螺距；

　　　　n_2——工件的转速；

　　　　p_2——工件的螺距。

这一关系是通过更换配换齿轮和调整进给箱手柄得到的,调整时可查阅车床铭牌上的标注。

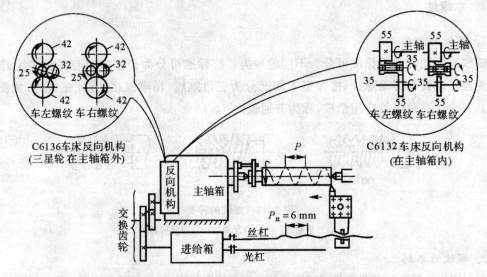

6.44　车削螺纹时的进给系统示意图

2)避免乱扣。车螺纹时,需经过多次走刀才能切成。在多次的切削中,必须保证车刀总是落在已切出的螺纹槽内,否则就叫"乱扣"。一旦"乱扣",工件即成废品。产生"乱扣"的主要原因是车床丝杠的螺距与工件螺距不是整数倍。

避免乱扣需要注意以下几点:

① 采用"正反车法进刀,即进刀退刀时,对开螺母与丝杠不能打开,始终保持啮合。

② 调整中小刀架的间隙,不要过紧或过松,使移动均匀、平稳。

③工件测量时,不能松开卡箍,在重新安装工件时要使卡箍与拨盘(或卡盘)的相对位置与原来一样。

④ 切削过程中,如果换刀,则应重新对刀,保证刀尖准确无误地落入原有的螺纹沟槽内。

(3) 车削螺纹的方法与步骤。以车外螺纹为例,其方法与步骤如图 6.45 所示。

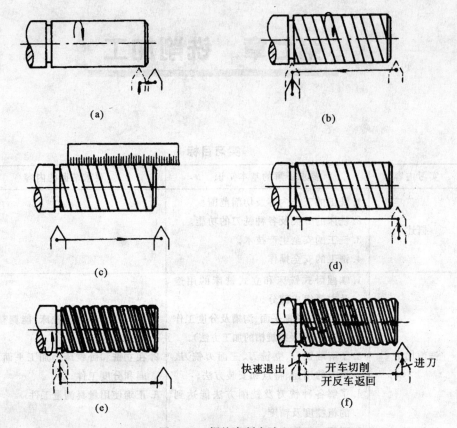

图 6.45　螺纹车削方法

(a)开车,使车刀与工件轻微接触,记下刻度盘读数,向右退出车刀;

(b)合上对开螺母,在工件表面车出一条螺旋线,横向退出车刀,停车;

(c)开反车使车刀退到工件右端,停车,用钢尺检查螺距是否正确;

(d)利用刻度调整切深,开车切削,车钢料时加机油润滑;

(e)车刀将至行程终了时,应作好退刀停车准备,先快速退出车刀,然后停车;开反车退回刀架;

(f)再次横向切入,继续切削

第七章　铣削加工

实习目标

实习内容	要求了解的基本知识	要求掌握的内容
概述	1. 铣工的工作内容及切削范围。 2. 铣床的分类及各种铣刀的功能。 3. 铣工的安全生产技术。 4. 铣工的安全操作	
铣削加工	1. 掌握卧式铣床和立式铣床的用途及主要组成部分。 2. 重点掌握铣削平面、沟槽及分度工作（包括键槽及螺旋槽的加工方法）。 3. 了解端铣刀、立铣刀、三面刃铣刀、滚刀的用途、特点和安装方法。 4. 了解各种铣刀及铣削方法能达到的粗糙度及精度。 5. 了解一般铣床调整知识。	1. 正确操作和维护铣床，能调整转数及进给量。 2. 在立铣和卧铣床上加工平面、垂直面和分度工件。 3. 正确使用量具测量工件
齿轮加工	1. 了解滚齿机、插齿机的用途和主要组成部分。 2. 了解滚削、插削圆柱齿轮的方法。 3. 了解齿轮刀具种类、特点及安装方法	

第一节　概　述

在铣床上用铣刀对工件进行切削加工称为铣削。铣削时，主运动为铣刀的旋转运动，进给运动为工件的移动。

铣削时的切削用量主要有：

1. 铣削速度 v_c

铣削速度是指铣刀最大直径处的线速度。

2. 进给量 f

铣削中的进给量有三种表示方式：

(1)每齿进给量 f_z，指铣刀每转过一个刀齿工件沿进给运动方向移动的距离，单位为 mm/z（z 为铣刀齿数）。

（2）每转进给量 f_r，指铣每转一转工件沿进给运动方向移动的距离，单位为 mm/r。

（3）进给速度 v_f（又称每分钟进给量 f_m），铣削时工件每分钟沿进给运动方向移动的距离，单位为 mm/min。

三者之间有如下关系：

$$f_m = f_r n = f_z z n$$

式中　n——铣刀转速，r/min；

　　　z——铣刀齿数。

3. 铣削深度 a_p

铣削深度是指在平行于铣刀轴线方向上测量的切削层尺寸，单位为 mm。

4. 铣削宽度 a_c

铣削宽度是指在垂直于铣刀轴线方向上测量的切削层尺寸，单位为 mm。

铣削加工是常用的切削加工方法之一，可用来加工平面、台阶、斜面、沟槽、成形表面、齿轮等，如图 7.1 所示。

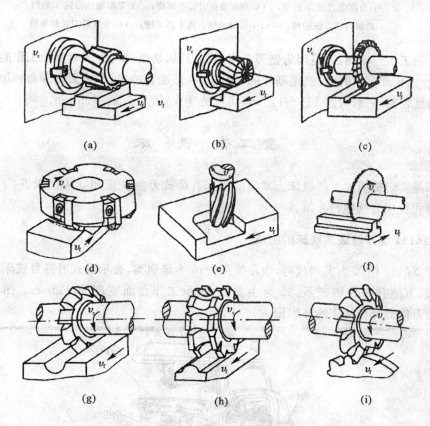

图 7.1　铣削加工的种类

（a）圆柱形铣刀铣平面；（b）套式面铣刀铣台阶面；（c）三面刃铣刀铣直角槽；

（d）面铣刀铣平面；（e）立铣刀铣凹平面；（f）锯片铣刀切断；

（g）凸半圆铣刀铣凹圆弧面；（h）凹半圆铣刀铣凸圆弧面；（i）齿轮铣刀铣齿轮；

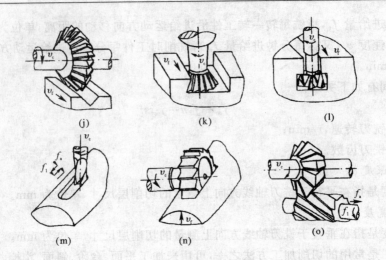

续图 7.1　铣削加工的种类

(j)角度铣刀铣 V 形槽；　(k)燕尾槽铣刀铣燕尾槽；　(l)T 形槽铣刀铣 T 形槽

(m)键槽铣刀铣键槽；　(n)半圆键槽铣刀铣半圆键槽；　(o)角度铣刀铣螺旋槽

　　铣削加工生产率高，这是因为铣刀是多层齿刀具，切削过程中同时参加工作的刀刃多。但是，对每个刀齿而言，切削仍然是断续的，因此存在振动和冲击，影响刀具寿命和加工质量。铣削加工精度较高，一般可达 IT9～IT7，表面粗糙度 R_a 值为 6.3～1.6 μm。

第二节　铣　床

　　铣床是实现铣削加工的机床。常用的铣床有卧式万能铣床和立式铣床等，下面以 X6132 型万能卧式铣床为例进行介绍。

一、X6132 型万能卧式铣床的组成

　　型号 X6132 中 X 为类别代号，表示铣床类；6 为组别类，表示卧式升降台铣床组；1 为系列代号，表示万能升降台铣床系；32 为主参数，表示工作台面宽度为 320mm。图 7.2 所示为 X6132 型万能升降台铣床的外形图。

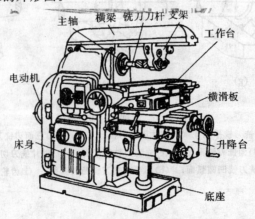

图 7.2　X6132 型万能铣床

其主要组成部分如下：

1. 床身

床身用来支撑和固定铣床各部件。其上装有供横梁移动用的水平导轨和供升降台上下移动的燕尾形垂直导轨，内部装有主轴、主轴变速箱等部件。

2. 横梁

横梁在床身上方的燕尾导轨中，其上可装支架，用以支持刀杆的外端，增加刀杆的刚性。

3. 主轴

主轴用来安装刀杆并带动铣刀旋转。刀杆安装在主轴前端的锥孔内。

4. 横滑板

横滑板可沿升降台的水平导轨作横向移动，用来带动工作台作横向进给。

5. 工作台

工作台的下部有传动丝杠，可作纵向移动。它是用来安装工件或夹具的。台面上有三条直通的 T 形槽，槽内放入螺栓就可以紧固工件和夹具。

6. 升降台

升降台上装有横滑板和工作台，可带动它们沿床身垂直导轨移动，从而调整铣刀与工作台面上工件的距离。升降台内部还装有进给变速机构和进给电机。

二、其他类型铣床

铣床种类很多，除卧式万能铣床外，还有立式铣床、龙门铣床、工具铣床以及数控铣床等。

立式升降台铣床如图 7.3 所示，它与卧式升降台铣床的区别是立式升降台铣床的主轴轴线与工作台台面相垂直。铣削斜面时，立式升降台铣床的主轴头还可以在垂直面内旋转一定角度。

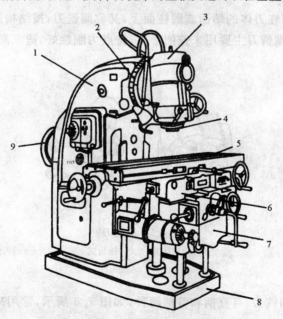

图 7.3　X5032A 型立式铣床

1—床身；　2—刻度盘；　3—主轴头架；　4—主轴；　5—纵向工作台；

6—横向工作台；　7—升降台；　8—底座；　9—电机

第三节 铣 刀

一、铣刀

铣刀是一种多齿的回转刀具,由刀体和刀齿两部分组成,对单个刀齿而言,其几何参数和切削过程与车刀类似。

铣刀的种类很多,按切削部分的材料可分为高速钢铣刀和硬质合金铣刀,按结构形式可分为整体式、镶嵌式和可转位式,还常按形状分类如下:

1. 周铣刀

周铣刀的刀齿分布在圆周上,有直齿和螺旋齿两种,如图 7.4 所示,主要用于卧式铣床上铣平面。

(a)   (b)

图 7.4 周铣刀
(a)直齿; (b)螺旋齿

2. 端铣刀

端铣刀的刀齿分布在刀体的端面或圆柱面上,又称面铣刀,按结构形式可分为整体式和镶嵌式,如图 7.5 所示。端铣刀主要用来铣削平面,特点为刚性好,适宜高速和强力切削,加工的工件表面粗糙度小。

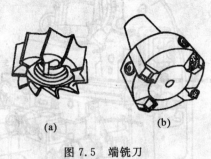

(a)   (b)

图 7.5 端铣刀
(a)整体式; (b)镶齿式

3. 立铣刀

立铣刀是一种带柄铣刀,有直柄和锥柄两种,如图 7.6 所示,常用来铣沟槽、台阶面、工件内腔面等。

4. 专用铣刀

专用铣刀有键槽铣刀、T 形槽铣刀等,如图 7.7 所示。

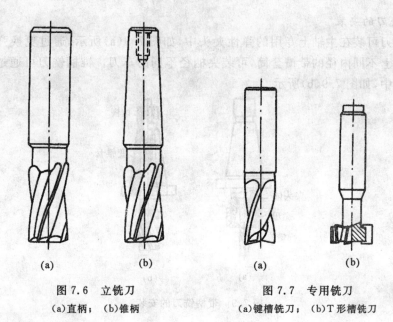

图 7.6　立铣刀　　　　　图 7.7　专用铣刀
(a)直柄；(b)锥柄　　　(a)键槽铣刀；(b)T形槽铣刀

二、铣刀的安装

1. 带孔铣刀的安装

常用的带孔铣刀有圆柱铣刀、角度铣刀等，一般安装在铣床刀杆上，如图 7.8 所示。安装铣刀时，应尽量靠近主轴前端，以提高加工时刀杆的刚性，防止径向跳动影响加工质量。安装铣刀完毕后要用百分表检验刀具外圆和端面的跳动量，其数值应小于 0.02mm。

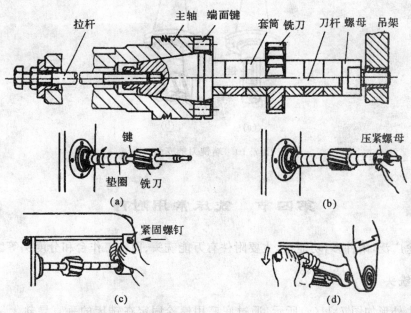

图 7.8　带孔铣刀的安装
(a)刀杆上先套上几个垫圈，装上键，再套上铣刀；　(b)铣刀外边的刀杆上再套上几个垫圈后，拧上左旋螺母
(c)装上支架，拧紧支架紧固螺钉，轴承孔内加油润滑；　(d)初步拧紧螺母，开车观察铣刀是否装正，装正后用力拧紧螺母

2. 带柄铣刀的安装

直柄立铣刀可装在主轴上专用的弹性夹头中,如图 7.9(a)所示,通过更换弹簧夹头或在弹簧夹头内加上不同内径的带槽套筒,可装夹柄径不同的车刀。锥柄铣刀可通过变锥套安装在主轴的锥孔中,如图 7.9(b)所示。

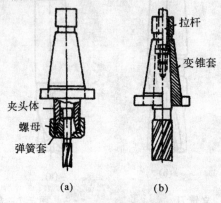

图 7.9　带柄铣刀的安装

3. 端铣刀的安装

安装端铣刀时,应将端铣刀安装在如图 7.10(a)所示的刀轴上,再将刀轴与端铣刀一起装在铣床主轴上,并用拉钎拉紧,如图 7.10(b)所示。

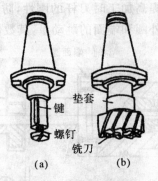

图 7.10　端铣刀的安装

第四节　铣床常用附件

铣床用途广泛,附件多,功能全,主要附件有万能铣头、回转工作台和分度头等。

一、万能铣头

万能铣头外形如图 7.11(a)所示,通过底座用螺栓固定在铣床的垂直导轨上。铣头内有锥齿轮,用来将铣床主轴的运动传递到铣头主轴上。铣头壳体还可绕机床主轴偏转任意角度,如图 7.11(b)所示,铣头主轴的壳体可在铣头壳体上偏转任意角度,如图 7.11(c)所示,因此铣头主轴在空间可成任意角度。

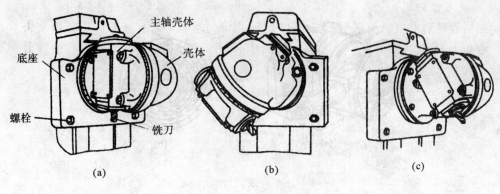

图 7.11 万能铣头

二、回转工作台

回转工作台外形如图 7.12(a)所示,常用来铣削带圆弧形表面和圆弧沟槽的工件。图 7.12(b)为铣圆弧槽,工件安装在台面上,转动手轮可实现圆周进给,回转台周围有刻度,可用来观察进给的角度。

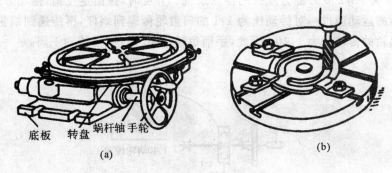

图 7.12 回转工作台

三、分度头

铣削齿轮、花键等需要圆周分度的工件,都需要用分度头。分度头是铣床的主要附件,有直接分度头(等分分度头)、简单分度头、自动分度头和万能分度头等。下面主要介绍万能分度头。

1. 万能分度头的结构

如图 7.13(a)所示,万能分度头由底座、转动体、主轴、分度盘等组成。通过底座底面的导向键与工作台 T 形槽的配合,可将其安装在工作台上,使分度头主轴方向平行于工作台的纵向。分度头转动体可使主轴轴线与工作台面成 $-10°\sim90°$ 的倾斜角度,以便加工各种角度的斜面。分度头前端有锥孔,可安放顶尖,主轴外端有螺纹,用来安装卡箍、拨盘。分度头的侧面是分度盘,如图 7.13(b)所示。

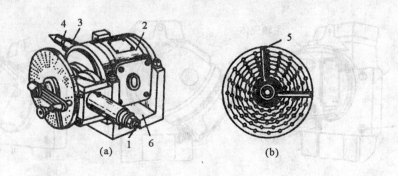

图 7.13　分度头

(a)外形图；　(b)分度盘

1—挂轮轴；　2—转动体；　3—主轴；　4—顶针；　5—扇形板；　6—底座

2. 分度方法

用分度头分度有直接分度法、简单分度法、差动分度法、角度分度法、近似分度法等。下面介绍用 FW250 万能分度头分度时的简单分度法。

如图 7.14 为 FW250 万能分度头的传动系统。分度时，拔出定位销，摇动分度手柄进行分度。分度手柄的运动通过一对传动比为 1:1 的斜齿轮传递到蜗杆，再传递到蜗轮，带动主轴转动。蜗杆与蜗轮的传动比为 1:40。因此，手柄每转过 40 周，主轴转动 1 周。

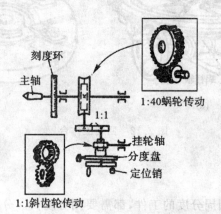

刻度环

主轴

1:40蜗轮传动

1:1

挂轮轴

分度盘

定位销

1:1斜齿轮传动

7.14　FW250 万能分度头的传动系统

设工件等分数为 z，则每次分度时工件(主轴)应转过 $1/z$ 周，故每次分度时分度手柄应转 $40/z$ 周。

例如，铣齿数为 16 的齿轮时，手柄每次分度应转过的周数为

$$n = \frac{40}{36} = 1\frac{1}{9} 周$$

其中，小数部分需要用分度盘实现。

分度盘的正反两面各有几圈孔数不同的小孔，小孔之间的间距严格相等。FW250 分度头有两块分度盘(分度时只用一块)，各圈孔数如表 7.1 所示。1/9 周的实现方法为：将分子分母

同时扩大 6 倍,得到 6/54,利用 54 孔的圈转过 6 个孔,即可转过 1/9 周。

表 7.1　FW250 分度头的分度盘孔数

分度盘	分度盘面	各圈孔数					
第一块	正面	24	25	28	30	34	37
	反面	38	39	41	42	43	
第二块	正面	46	47	49	51	53	54
	反面	57	58	59	62	66	

第五节　典型铣削加工方法

一、周铣与端铣

铣削有周铣与端铣之分。端铣是用端铣刀的端面齿刃进行铣削;周铣是用铣刀的周边齿刃进行铣削。一般说来,端铣同时参与切削的刀齿数较多,切削比较平稳;且可用修光刀齿修光已加工表面;刚性较好,切削用量可较大。所以,端铣在生产率和表面质量上均优于周铣,在较大平面的铣削中多使用端铣。周铣常用于平面、台阶、沟槽及成型面的加工。

周铣又有顺铣与逆铣两种方式。在铣刀与工件已加工面的切点处,铣刀旋转切削刃的运动方向与工件进给运动方向相同的铣削称为顺铣;反之称为逆铣,如图 7.15 所示。

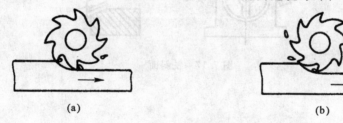

图 7.15　顺铣与逆铣
(a)顺铣;　(b)逆铣

顺铣时,切削层厚度由大变小、刀齿与工件滑移的距离短,刀具耐用度高,有利于高速切削;铣削力有将工件压向工作台的作用,由于工作台丝杠与螺母之间有间隙,顺铣的切削力会引起工作台不断的窜动,使切削过程不平稳,甚至引起打刀。一般只有在工作台丝杠与螺母的间隙调整到小于 0.03mm 时才可采用顺铣。对有硬皮的工件和状态一般的机床,都是用逆铣。逆铣的切削层厚度由零逐渐变大,刀具耐用度较低,但不会打刀。

二、铣平面

铣平面是铣床上最常见的加工方法,在卧式铣床或立式铣床上采用圆柱铣刀、端铣刀及立铣刀都可以进行水平面、垂直面及台阶面的加工,如图 7.16 所示。在立式铣床上铣平面一般采用端铣法;在卧室车床上铣平面一般采用周铣法。

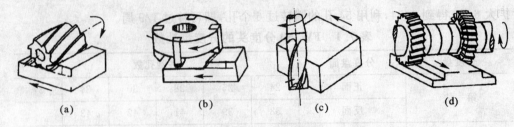

图 7.16 平面铣削

(a)用圆柱铣刀铣水平面； (b)用端铣刀铣水平面； (c)用立铣刀铣垂直面； (d)用组合铣刀铣台阶面

三、铣斜面

铣斜面是指相对基准面倾斜的平面进行铣削，方法与铣平面类似，但是铣削前需要把铣刀倾斜成所需角度或把工件倾斜成所需角度，另外还可用角度铣刀铣斜面，如图 7.17 所示。

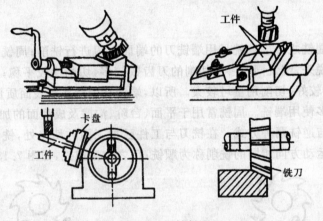

图 7.17 铣斜面

四、铣沟槽

在铣床上可以加工多种沟槽，如直槽、键槽、T 形槽、V 型槽、燕尾槽、螺旋槽等。

1. 铣键槽

敞开式键槽一般在卧式铣床上用三面刃圆盘铣刀来铣削。铣削时，铣刀中心平面应准确地与工件轴线重合，如图 7.18 所示。

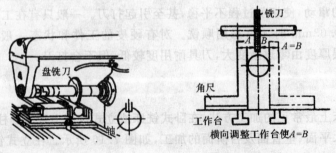

图 7.18 卧式铣床上铣键槽

封闭键槽一般在立式铣床上用键槽铣刀来铣削,如图 7.19 所示。

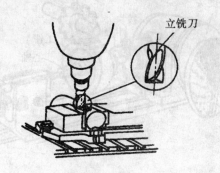

图 7.19 立式铣床上铣键槽

2. 铣 T 形槽及燕尾槽

通常先用三面刃盘铣刀或立铣刀铣出直槽,如图 7.20 所示,再用 T 形槽铣刀或燕尾槽铣刀加工成形,如图 7.21 所示。铣 T 形槽由于铣削条件差、排屑困难,应使用较小的进给量,同时须加注切削液。

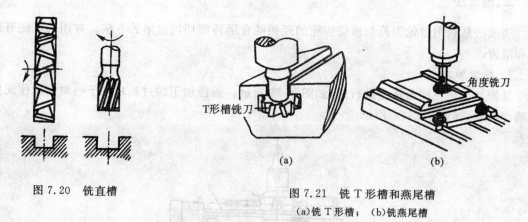

图 7.20 铣直槽

图 7.21 铣 T 形槽和燕尾槽
(a)铣 T 形槽; (b)铣燕尾槽

第六节 齿形加工简介

齿轮是使用非常广泛的机械零件,齿轮加工最关键的部分是齿形加工。在切削加工中,齿形加工方法可分为仿形法和展成法两大类。

一、仿形法

仿形法就是用与被切齿轮齿槽形状完全相符的成形铣刀切出齿形的方法。仿形法又分为单齿仿形法和整齿仿形法。单齿仿形法一次只加工一个齿槽;整齿仿形法是用标准齿形拉刀拉制齿轮,可一次将齿轮的全部齿形加工出来。

如图 7.22 所示为在卧式铣床上用单齿仿形法加工齿形。工件采用心轴装夹方法,用顶尖、拨盘安装在分度头和后架的顶尖间,采用专用的模数铣刀铣削。每铣完一个齿槽后,将工件分度,再铣下一个齿槽,直至铣完为止。

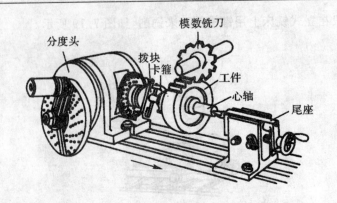

图 7.22 单齿仿形法铣齿轮

单齿仿形法加工齿轮的特点为设备简单,刀具成本低,生产率较低。加工出来的齿轮精度较低,最高为 9 级精度,表面粗糙度值 R_a 为 6.3～3.2μm。

单齿仿形法适用于单件或小批量生产,多用于制造转速低、精度要求不高的齿轮。

二、展成法

展成法是利用齿轮刀具与被切齿轮的互相啮合运转而切出齿形的方法。常用的方法有插齿和滚齿。

1. 插齿加工

插齿加工是在插齿机上进行的,如图 7.23 所示。插齿加工的过程相当于一对齿轮作无间隙啮合运动,如图 7.24(a)所示。

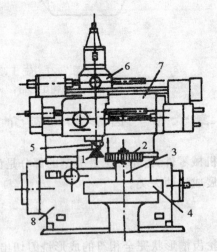

图 7.23 插齿机

1—插齿刀; 2—工件; 3—心轴; 4—工作台;

5—刀轴; 6—刀架; 7—横梁; 8—床身

插齿刀的形状类似于一个齿轮,在齿上磨出前角和后角,从而使它具有锋利的刀刃。插齿时,插齿刀作上下往复切削运动,同时使插齿刀和被加工齿轮之间保证严格的啮合关系。这样,插齿刀就能把工件上齿槽部分的金属切掉形成齿形,如图7.24(b)所示。

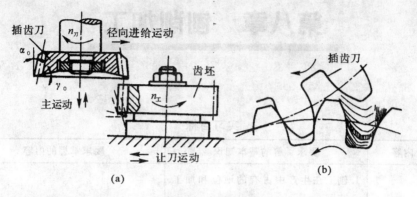

图 7.24　插齿法

插齿加工所能达到的齿轮精度等级为7～8级,齿面表面粗糙度 R_a 值为 $3.2～1.6\mu m$。一把插齿刀可以加工相同模数而齿数不同的齿轮的齿形。

插齿机除可以加工一般外圆柱齿轮外,还适宜加工双联齿轮、二联齿轮及内齿轮。

2. 滚齿加工

滚齿加工是在滚齿机上用齿轮滚刀进行的。齿轮滚刀可以看成一个齿数很少(单线滚刀齿数为1)的螺旋齿轮。由于其齿数少、螺旋角又很大,所以呈蜗杆状。为了形成切削刃和前、后角,又在这个蜗杆上开槽和铲齿,从而形成了滚刀。

滚齿加工过程可看做是齿条与齿轮的无间隙啮合运动,而滚刀就是假想的齿条。齿条位置的不断变化就展成被切齿轮的齿形。

滚齿法加工直齿轮时,需要以下几个运动:

(1)切削运动。即切削运动为滚刀的旋转运动。

(2)分齿运动。即工件的旋转运动,用来保证滚刀的转速和被切齿轮的转速之间的啮合关系。单头滚刀转一圈,被切齿轮应转过一个齿。

(3)垂直进给运动。即滚刀沿工件轴向的垂直进给,保证切出整个齿宽。

(4)径向进给运动。即滚刀沿工件齿深方向水平进给,以便切出全齿深。

滚齿机除了可以加工直齿、斜齿的外圆柱齿轮外,还能加工蜗轮和链轮。滚齿机的加工精度可达 6～8 级,齿面粗糙度 R_a 值为 $3.2～1.6\mu m$。

第八章 刨削加工

实习目标

实习内容	要求了解的基本知识	要求掌握的内容
概述	1.刨工在生产中占有的地位和加工范围。 2.刨床的种类和刨刀类型及其装夹方法。 3.刨工的安全生产技术	
刨削加工	1.掌握牛头刨床的用途、主要组成部分及传动系统。 2.掌握牛头刨床的操作与调整方法、刨削水平面、垂直面、V形面和T形槽及其所用的刀具。 3.各种刨刀及刨削方法能达到的表面粗糙度及精度。 4.刨削工作的装夹方法(包括虎钳和螺钉、压板等)。 5.了解插床和龙门刨床的用途、主要特点和应用场合	1.正确操作和维护牛头刨床,并进行调整。 2.能加工具有水平面、垂直面(或斜面)的工件表面。 3.正确使用量具测量工件

第一节 概　述

在刨床上用刨刀对工件进行切削加工的过程称为刨削加工。

刨削加工最常用的设备是牛头刨床。在牛头刨床上刨削时,刨刀的直线往复运动为主运动,工件的间歇移动为进给运动。刨削时的切削用量为刨削速度、进给量和切削深度。

1. 刨削速度 v

切削时刨刀与工件的相对速度称为刨削速度,由于刨削时刨刀相对工件的速度是变化的,因此用刨刀往复运动的平均速度表示刨削速度:

$$v = \frac{2Ln}{1\,000}$$

式中　L——刀具行程长度 mm;

　　　n——刨刀每分钟的往复次数。

2. 进给量 f

刨刀往复一次工件移动的距离为进给量,单位为 mm/str。

3. 切削深度 a

刨刀每次走刀垂直于已加工表面切入金属层的深度为切削深度,单位为 mm。

刨削加工有回程不切削的特点,且刨削时切削速度较低,因此刨削较铣削生产率低。另外,由于切削运动是断续进行的,有冲击、振动,且切削速度不均匀,因此加工精度比较低,为 IT8～IT10,表面粗糙度 R_a 为 $25\sim1.6\,\mu m$。但是,由于刨床结构简单,工件装夹和调整方便,刨刀制造、刃磨简单经济,生产准备时间短、加工费用低,适应性广,故在单件、小批生产和维修工作中得到广泛应用。刨削加工的范围、内容如图 8.1 所示。

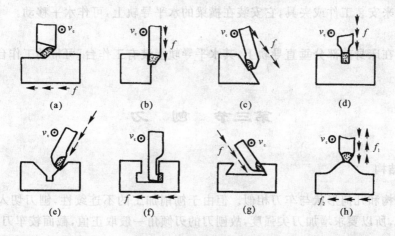

图 8.1　刨削加工范围

(a)刨水平面;　(b)刨垂直面;　(c)刨斜面;　(d)刨直槽;　(e)刨 V 形槽;

(f)刨 T 形槽;　(g)刨燕尾槽;　(h)刨成形面

第二节　牛头刨床的组成

刨削加工最常用的机床是牛头刨床。

牛头刨床主要由床身、底座、滑枕、刀架、横梁和工作台等部分组成。如图 8.2 为 B6065 型牛头刨床的外形图。

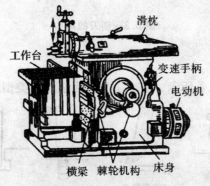

图 8.2　B6065 型牛头刨床

1. 床身

床身安装在底座上,用来支撑和连接刨床各部分。床身上部和侧面装有导轨。上部导轨供滑枕作往复运动,侧面导轨供工作台升降。床身内部有传动机构。

2. 滑枕

滑枕前端装有刀架,用来安装刨刀,刨刀可随滑枕作直线往复运动。

3. 刀架

刀架用来装夹刨刀,可带动刨刀实现垂直和斜向进给运动。刀架上有抬刀板,返程时可将刨刀抬离加工表面,减少刨刀与工件的摩擦。

4. 工作台

工作台用来安装工件或夹具,它安装在横梁的水平导轨上,可作水平移动。

5. 横梁

横梁安装在床身前部分垂直导轨上,其水平导轨上装有工作台,可带动工作台沿垂直导轨作上下移动。

第三节 刨 刀

一、刨刀结构

刨刀的结构和几何形状与车刀相似。但由于刨削加工的不连续性,刨刀切入工件时受到较大的冲击力,所以要求增加刀尖强度,故刨刀的刃倾角一般取正值,截面较车刀大,并且常做成弯头式。如图 8.3 所示,弯头刨刀的优点在于,在受到较大切削力时,刀杆产生的弯曲变形是向上方弹起,使刀尖高出工件而不扎刀,可以避免啃伤工件。

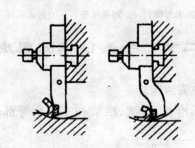

图 8.3 刨刀的结构

二、刨刀的种类及应用

刨刀的种类很多,如图 8.4 所示。表 8.1 为常用刨刀的类型及用途。

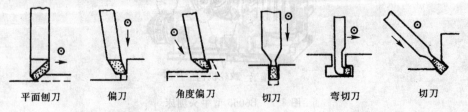

平面刨刀　　偏刀　　角度偏刀　　切刀　　弯切刀　　切刀

图 8.4 刨刀的种类

表 8.1 常用刨刀的类型及用途

类型	用途
平面刨刀	刨削平面
偏刀	刨削垂直、阶面和外斜面等
角度偏刀	刨削角度形工件的燕尾槽和内斜面等
切刀	刨削直角槽、沉割槽和切断工件等
弯切刀	刨削 T 形槽和侧面沉割槽
样板刀	刨削 V 形槽和特殊形状表面

第四节 工件的装夹

一、平口钳装夹工件

平口钳是牛头刨床上最常用的一种通用夹具,形状简单、尺寸较小的工件可用平口钳装夹,如图 8.5 所示。

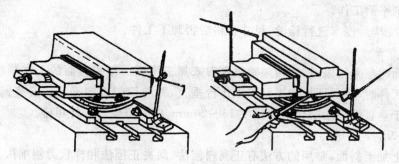

图 8.5 平口钳装夹工件

二、工作台装夹工件

较大尺寸的工件一般直接在牛头刨床工作台面上装夹。压板螺栓装夹是常用的一种方法,如图 8.6 所示。装夹工件时,工件被夹紧的位置和对工件的夹紧力要适当,以避免工件因夹紧力导致变形或移位。

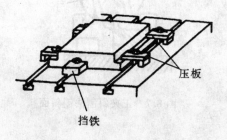

压板

挡铁

图 8.6 工作台装夹工件

在批量生产中,或被加工工件各种精度要求较高时,可根据工件的形状设计专用夹具来装夹工件。这种方法定位准确,装夹迅速,但夹具要专门制作,费用较高。

第五节　典型刨削方法

一、刨平面

刨平面包括刨水平面、垂直面和斜面。

1. 刨水平面

刨水平面的步骤如下:

(1)刀具选择及装夹。刀具的选择主要考虑工件的材质和加工要求。刀具装夹要求刀架和刀座在中间垂直位置上。

(2)工件的安装。根据工件的尺寸、形状、装夹精度要求选择适当的装夹方法。

(3)机床的调整。将工作台升降到工件接近刀具的适当位置。调整滑枕的起始位置、滑枕的行程长度及往复的快慢。

(4)选择合适的切削用量。

(5)试切。开动机床用手动进给方式进行试切,确定合适的切削深度,再用自动进给方式,进行正式刨削平面工作。

(6)刨削完毕后停车进行检验,尺寸合格后再卸下工件。

2. 刨垂直面

刨垂直面时应采用偏刀,用刀架垂直走刀来加工平面。刨垂直面的工作顺序与刨水平面相似。安装工件时,应保证待加工面与工作台垂直,并与切削方向平行。安装偏刀时,偏刀伸出长度要大于垂直面高度或台阶的深度 15～20mm,以防刀架与工件相碰。

3. 刨斜面

在刨床上加工斜面,常用的方法有正夹斜刨法、斜夹正刨法和样板刀刨削法。

如图 8.7 为正夹斜刨法,刨削时刀架转盘不是对准零刻线,而是必须转一定角度。刀架的倾斜角度等于工件待加工斜面与机床纵向钳垂面的夹角。该法使用的刨刀为偏刀。

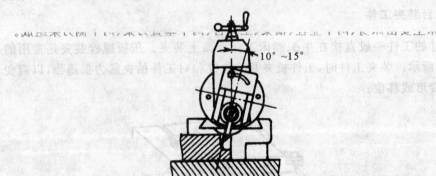

图 8.7　正夹斜刨法刨斜面

二、刨沟槽

刨沟槽包括刨直角槽、T 形槽、V 形槽、燕尾槽等,下面主要介绍刨直角槽和燕尾槽。

1. 刨直角槽

刨直角槽需要用切刀,以垂直进给的方法进给。

2. 刨燕尾槽

燕尾槽的关键组成为两个对称的内斜面。刨燕尾槽所用刀具为左、右偏刀。刨削方法是刨直角槽和斜面的组合,刨削步骤如图 8.8 所示。

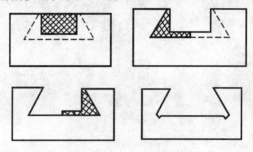

图 8.8　刨燕尾槽

(1)先用平面刨刀刨顶面,再用切刀刨直角槽。槽宽小于燕尾槽槽口宽度,槽底需要留出加工余量。

(2)用左偏刀刨左侧斜面及槽底面左边一部分。

(3)用右偏刀刨右侧斜面及槽底面左边一部分。

(4)在燕尾槽的内角和外角的夹角处切槽和倒角。

第六节　其他刨削类机床简介

刨削类机床除牛头刨床外,还有龙门刨床、悬臂刨床和插床等。

一、龙门刨床

龙门刨床主要由床身、两个立柱、横梁、工作台、两个垂直刀架、两个侧刀架组成。

龙门刨床的切削运动与牛头刨床不同,工件装夹在工作台上,工作台带动工件沿床身导轨作直线往复运动,为主运动;刀架带动刀具作横向或垂直间歇送进,为进给运动。

龙门刨床的工作台由直流电机驱动,切削速度可无级调速且速度稳定,加工质量比牛头刨床高。

龙门刨床主要用来刨削大、中型零件,对于中型零件可以同时装夹数个工件实行多件加工。

二、插床

插床实际上是一种立式刨床,其结构原理与牛头刨床相似。

插刀安装在直立的滑枕的刀架上,作上、下往复直线运动,为主运动。工件安放在工作台上,可作纵向、横向或圆周的间歇移动,为进给运动。圆工作台可带动工件作圆周运动,除作回转进给外,还可进行分度,如插方孔、多边形孔、花键孔等。

插床主要用于加工工件内表面、方孔、多边形孔、内键槽等。由于其工作原理与牛头刨床类似,因此与牛头刨床一样,生产率较低,加工质量较差。

第九章　磨削加工

实习目标

实习内容	要求了解的基本知识	要求掌握的内容
概述	1.磨床工作的范围及磨削的类型和磨削要素。 2.砂轮的材质作用及磨削用量。 3.磨削的安全生产技术规程	
磨削加工	1.掌握外圆磨床、内圆磨床、平面磨床的用途及主要组成部分。 2.磨床的传动概念,掌握基本传动原理。 3.掌握外圆、内圆、平面的磨削方法。 4.掌握磨削外圆、内圆、平面的装夹方法和特点。 5.了解砂轮平衡和修正的方法	1.正确操作外圆磨床进行轴类零件的磨削。 2.能简单调整机床和维护机床。 3.能在平面磨床上进行磨削。 3.正确使用量具(千分尺、百分表)测量工件

第一节　概　述

磨削是在磨床上以砂轮为切削工具对工件表面进行切削加工的方法。

磨削加工是砂轮磨粒对工件材料的切削、刻划与滑擦三种情况的综合作用。磨削加工的主运动是砂轮的高速旋转运动,进给运动与被磨削表面有关,可能有不同的形式和数量。例如,纵磨外圆时有三个进给运动:工件的缓慢旋转为圆周进给运动;工作台带动工件往复移动为轴向进给运动;砂轮座作周期性径向进给为径向进给运动。

磨削加工主要具有以下特点:

(1)精度高,表面粗糙度小。磨削精度可达 IT5～IT7,表面粗糙度 R_a 值为 $0.8～0.2\mu m$。高精度小表面粗糙度磨削时,表面粗糙度 R_a 值可达 $0.008～0.1\mu m$。

(2)由于组成砂轮磨粒的硬度很高,可加工淬火钢、硬质合金等高硬度材料。

(3)磨削时温度高,应加注切削液进行冷却和润滑,防止工件被烧伤。

磨削加工应用范围广,是零件精加工的主要方法之一。它可以加工外圆、内孔、平面、沟槽、成形面,还可刃磨各种刀具,如图 9.1 所示,此外,还可以进行铸件清理和毛坯的预加工等粗加工工作。

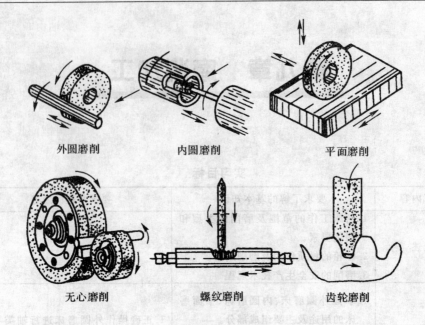

外圆磨削　　　　　　　内圆磨削　　　　　　　平面磨削

无心磨削　　　　　　　螺纹磨削　　　　　　　齿轮磨削

图 9.1　磨削加工范围

第二节　磨　床

磨床是以砂轮作切削刀具的机床。磨床的种类很多,常用的有外圆磨床、内圆磨床、平面磨床、无心磨床、工具磨床和各种专门化磨床。

一、外圆磨床

外圆磨床主要用于磨削圆柱形和圆锥形外表面,其中,万能外圆磨床还可以磨削内孔和内锥面。下面以 M1432A 型万能磨床为例进行介绍。

M1432A 型万能外圆磨床的外形如图 9.2 所示,其主要组成如下:

1. 床身

床身用来支持磨床的各个部件,上部装有工作台和砂轮架。床身上有两组导轨,可供工作台和砂轮架作纵向和横向移动。床身内部装有液压传动系统。

2. 工作台

工作台由上、下两层组成,安装在床身和纵向导轨上,可沿导轨作往复直线运动,以带动工件作纵向进给。工作台面上装有头架和尾座。

3. 砂轮架

砂轮架安装在床身的横向导轨上,用来安装砂轮。砂轮架可由液压传动系统实现沿床身横向导轨的移动,移动方式有自动间歇进给、快速进退,还可实现手动径向进给。砂轮座还可绕垂直轴线偏转一定角度,以便磨削圆锥面。砂轮有单独的电动机作动力源,经变速机构变速后实现高速旋转。

4. 头架和尾架

头架的主轴端部可以安装顶尖、拨盘或卡盘,以便装夹工件。头架主轴由单独的电动机,通过带传动及变速机构,使工件获得不同转速。头架可以在水平面内偏转一定角度,以便磨削圆锥面。尾座的套筒内装有顶尖,用来支撑较长工件。扳动尾座上的杠杆,顶尖套筒可缩进或伸出,并利用弹簧的压力顶住工件。

5. 内圆磨头

内圆磨头的主轴上可安装磨削内圆的砂轮,用来磨削内圆柱面和内圆锥面。它可绕砂轮架上的销轴翻转,在使用时翻转到工作位置,不使用时翻向砂轮架上方。

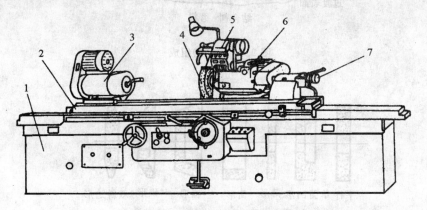

图 9.2　M1432A 型万能外圆磨床

1—床身;　2—工作台;　3—头架;　4—砂轮;　5—内圆磨头;　6—砂轮架;　7—尾座

二、内圆磨床

内圆磨床主要用于磨削内圆柱面、内圆锥面及端面等。内圆磨床主要由床身、工作台、头架、磨具架、砂轮修整器等部分组成。工作台由液压传动系统驱动,可实现不同速度的移动。头架可绕垂直轴偏转一定的角度,以磨削内圆锥面。内圆磨床的磨削运动与外圆磨床相近。

三、平面磨床

平面磨床主要用于磨削平面。平面磨床主要由床身、工作台、立柱、砂轮休整器、滑板和磨头等部分组成。

工作台安装在床身的纵向导轨上,其上装有电磁吸盘,用来装夹工件。工作台的纵向往复运动由液压传动系统驱动。磨头可沿拖板的水平导轨作横向进给运动。拖板可沿立柱的垂直导轨上下移动,以调整磨头的高低,提供垂直进给运动。

第三节　砂　轮

一、砂轮的组成

如图 9.3 所示,砂轮是由磨粒和结合剂按一定配比烧结在一起而成的疏松多孔体,是磨削的切削工具。磨料、结合剂、空隙是砂轮组成的三要素。为适应各种磨床结构和磨削加工的需要,砂轮通常制成各种形状和尺寸。常用砂轮的形状如图 9.4 所示。

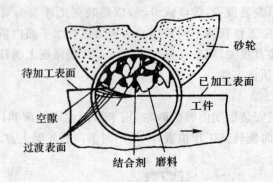

图 9.3　砂轮的组成

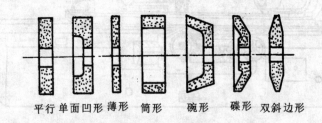

平行　单面凹形　薄形　　筒形　　碗形　　碟形　双斜边形

图 9.4　砂轮的形状

二、砂轮的磨料

磨料是砂轮的主要成分,直接担负切削工作,在高温下经受剧烈摩擦和挤压,因此必须具有锋利的切削刃口,还要具有高硬度、高耐热性和一定的韧性,常用的磨料种类有:

(1) 棕刚玉(GZ),硬度高,韧性大。适用于磨削碳素钢、合金钢、可锻铸铁、硬青铜等。

(2)白刚玉(GB),硬度比棕刚玉高,韧性比棕刚玉低。适用于磨削高速钢、淬火钢、高碳钢等。

(3)黑色碳化硅(TH),硬度比白刚玉高,脆而锋利,有良好的导热性。适用于磨削铸铁、黄铜、矿石、耐火物等非金属。

(4)绿色碳化硅(TL),硬度和脆性比黑色碳化硅高,有良好的导热性。适用于磨削硬质合金、光学玻璃等。

(5)人造金刚石(JR),硬度极高。适用于磨削硬脆材料,如硬质合金、宝石、光学玻璃、半导体等。

磨料颗粒的大小用粒度表示,以磨粒能通过的筛网网号作标记。粒度号数愈大,颗粒愈小。磨粒粒度按颗粒大小分为 41 个号。较粗颗粒用于粗磨、半精磨,细颗粒用于精磨和刀具刃磨。

各种磨料用陶瓷结合剂、橡胶结合剂、树脂结合剂或金属结合剂制成不同硬度、不同组织、不同形状和尺寸的砂轮,以适用于不同材质、不同形状与尺寸的工件表面的加工。

三、砂轮的硬度

砂轮的硬度是指砂轮工作表面上的磨粒受外力作用时脱落的难易程度。若磨料容易脱落，则称砂轮硬度低，反之，则称砂轮硬度高。砂轮的硬度取决于结合剂的性质、数量和砂轮的制造工艺。需要指出的是，砂轮的硬度与磨料的硬度完全是两个概念，同一磨料，可以做成不同硬度的砂轮。

砂轮的硬度主要根据工件的硬度来选择：磨削硬度高的工件时，应选用较软的砂轮；磨削硬度低的工件时，应选用较硬的砂轮。为了便于应用，砂轮硬度被分为：超软(CR)、软(R)、中软(ZR)、中(Z)、中硬(ZY)、硬(Y)、超硬(CY)七个等级。

四、砂轮的安装、平衡与修整

砂轮工作时转速很高，如果安装不当，可能会导致砂轮工作时破裂飞出，造成事故，因此正确地安装砂轮是很重要的。安装前首先应检查砂轮是否有裂纹，有裂纹的砂轮严禁使用。安装时砂轮孔与轴的配合松紧要合适，砂轮两端面与法兰盘之间应设衬垫，两法兰盘或两垫片应直径相等。如图 9.5 所示为常见的砂轮安装方法。

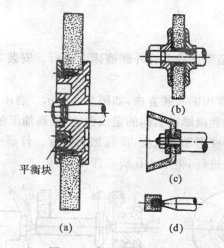

图 9.5　常见砂轮安装方法
(a)较大砂轮用带台阶的法兰盘装夹；　(b)一般砂轮用法兰盘直接装在砂轮轴上；
(c)小砂轮用螺母紧固在砂轮轴上；　(d)更小的砂轮可用胶结剂黏固在轴颈上

由于砂轮制造时的各种误差，砂轮的重心相对会偏离砂轮孔轴线，导致砂轮在旋转时产生振动或摆动。为使砂轮在高速下能够平稳工作，必须在装机前对砂轮进行平衡。平衡的目的是使砂轮的重心与旋转轴线重合。

砂轮平衡多采用静平衡法，如图 9.6 所示。将安装好的砂轮装在心轴上，放在已调水平的平衡架的导轨上，反复调整平衡块的位置，调整重心的位置，直到砂轮转过任意角度后都能保持静止，则平衡工作完成。

新砂轮安装好以后开始磨削之前，以及砂轮磨粒变钝、砂轮正确几何形状被破坏时，必须进行修整(用镶有金刚石颗粒的修整笔)，以恢复砂轮的磨削性能及正确的几何形状，如图 9.7 所示。修整时应供给充足的冷却液体，以防止金刚石因高温而破裂。

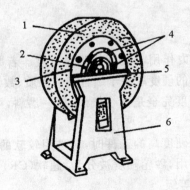

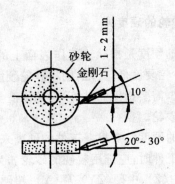

图 9.6　砂轮的静平衡

1—砂轮；　2—心轴；　3—法兰盘；
4—平衡块；　5—平衡轨道；　6—平衡架

图 9.7　砂轮的修整

第四节　磨削基本方法

一、外圆磨削

1. 工件的装夹

磨削外圆一般在普通外圆磨床或万能外圆磨床上进行。安装方式有顶尖安装、卡盘安装和心轴安装等。

顶尖安装是外圆磨削最常用的安装方法,如图 9.8 所示。磨床前、后顶尖均使用不随工件转动的死顶尖,以减小因顶尖轻微跳动引起的定位误差,提高加工精度。磨削前要对轴的中心孔进行修研,以消除中心孔的变形和氧化皮,提高加工精度。修研中心孔一般用油石顶尖,在车床、钻床上进行或本机床上进行,将中心孔研亮即可。

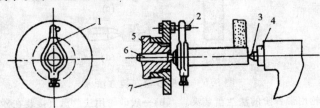

图 9.8　前、后顶尖的安装工作

1—拨盘；　2—拨杆；　3—后顶尖；　4—尾架套筒；　5—头架主轴；　6—前顶尖；　7—拨盘

2. 磨削方法

(1)纵磨法。纵磨法如图 9.9 所示,用于磨削较长的轴类外圆表面。磨削时,工件同时作低速圆周进给和纵向往复进给运动,磨至接近最后尺寸时,可在没有径向进给的条件下,纵向往复移动若干次,直到火花完全消失为止,以减小工件因弹性变形引起的误差。

纵磨法加工质量好,但磨削效率较低。

(2)横磨法。横磨法如图 9.10 所示,常用于磨削短轴外圆。横磨时,工件不作轴向往复进给运动,砂轮外圆面与工件圆柱表面全面接触,磨削效率高,但工件易发生变形和烧伤,磨削精度较低。

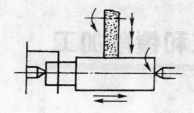

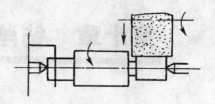

图 9.9　纵磨法　　　　　　　　　　　　　图 9.10　横磨法

　　为了获得较好的加工质量,又能提高生产率,对较长的轴类零件外圆常采用先分段横磨再纵磨的方法进行磨削,这种方法称为综合磨法。

二、内圆磨削

　　内圆柱面和内圆锥面可以在内圆磨床或万能外圆磨床上用内圆磨头附件进行磨削。磨削时,一般都用卡盘夹持工件的外圆,如图 9.11 所示,其运动与磨外圆时基本相同,但砂轮的旋转方向与磨外圆时相反。由于受内圆磨头旋转精度和砂轮轴刚性的影响,内圆磨削的加工质量及效率都比外圆磨削低。

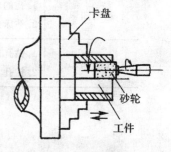

图 9.11　内圆磨削

三、平面磨削

　　平面磨削一般在平面磨床上进行。钢、铸铁等导磁工件可直接安放在带有电磁吸盘的工作台上。

　　常用的平面磨削方法有周磨法和端磨法两种。

　　周磨法是用砂轮的圆周面磨削平面,如图 9.12(a)所示,砂轮与工件的接触面积小、排屑及冷却条件好、工件热变形小、砂轮磨损均匀,能获得较好的加工质量。但磨削效率较低,适用于精磨平面。

　　端磨法是用砂轮的端面磨削工件,如图 9.12(b)所示,由于砂轮轴伸出较短、刚性好,能采用较大的磨削用量、磨削效率高。但砂轮与工件的接触面积大、砂轮端面里外的切削速度不同,且排屑和冷却条件不理想,故加工质量较周磨法低。

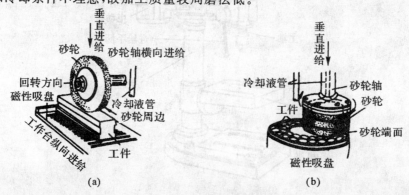

图 9.12　平面磨削方法

(a)周磨法；　(b)端磨法

第十章 钻削加工和镗削加工

实习目标

实习内容	要求了解的基本知识	要求掌握的内容
基础知识	1.孔的加工方法； 2.钻床的种类与应用	
孔的加工	1.钻孔的特点、应用； 2.扩孔、铰孔、镗孔的特点、应用	在台式钻床上钻孔

第一节 常用钻床简介

钻床是一种孔加工机床。常用的钻床有台式钻床、立式钻床、摇臂钻床等。

一、台式钻床

台式钻床是放在台桌上使用的小型钻床,简称台钻,其外形如图 10.1 所示。台钻小巧灵活,结构简单,使用方便,主要用于加工小型工件上直径不超过 12mm 的小孔。在仪表制造、钳工和装配中台式钻床应用较多。

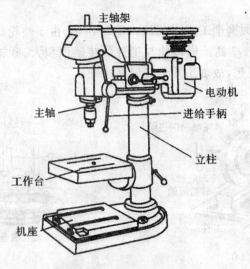

图 10.1 台式钻床

钻削时,主轴带动钻头的旋转运动为主运动,主轴轴向的移动为进给运动。主轴转速可通过改变传动带在带轮上的位置调整,主轴的轴向进给通过进给手柄手动实现。

二、立式钻床

如图 10.2 为立式钻床,主要由机座、立柱、主轴、主轴变速箱、进给箱和工作台组成。电动机的运动通过主轴变速箱使主轴带动钻头旋转,并获得各种转速。进给箱内有进给变速机构,运动由主轴变速箱输入,经进给箱后可使主轴随着主轴套筒按需要的进给量作直线移动。利用手柄也可作手动进给。工作台用来直接装夹工件或其上放置虎钳装夹工件。工作台和进给箱可沿立柱导轨上下移动,以适应不同尺寸工件的加工。主轴的位置是固定的,因此在加工不同位置的孔时,必须移动工件方可使钻头对准孔的位置。

立式钻床常用于加工较大的孔,常用的钻床规格有最大钻孔直径为 25mm,35mm,50mm 等。

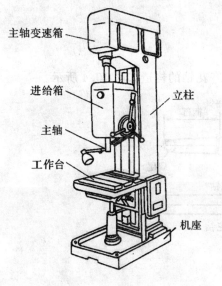

图 10.2　立式钻床

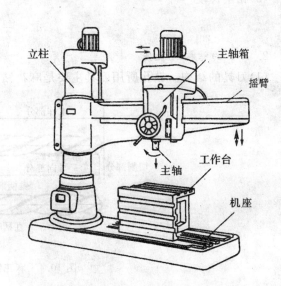

图 10.3　摇臂钻床

三、摇臂钻床

如图 10.3 所示为摇臂钻床,主要由机座、立柱、摇臂、主轴、主轴箱、工作台等部分组成。主轴箱安装在摇臂上,可在摇臂的水平导轨上移动,同时,摇臂可绕立柱回转,因此,主轴的位置可调整到机床可加工面积内的任何位置上,可方便地对准工件上被加工孔的中心。

摇臂钻床适于加工大中型工件上直径小于 50mm 的孔或加工多孔工件。

第二节　钻孔、扩孔和铰孔

钻床上可以实现的孔加工主要有钻孔、扩孔和铰孔。

一、钻孔

用钻头在实体材料上加工孔的工作称为钻孔。钻孔加工精度一般为 IT12,表面粗糙度 R_a 值为 $12.5\mu m$。

1. 钻削运动和钻削要素

钻削时,钻头旋转为主运动,同时沿其轴向移动做进给运动。钻削要素有三个。

(1)切削速度 v_c 是麻花钻切削刃外缘处的线速度。其值为

$$v=\frac{\pi d_0 n}{1\,000\times 60}$$

式中　　n——钻头转速,单位 r/min;

　　　　d_0——钻头直径,单位 mm。

(2)进给量 f 是指钻头转一转,刀具轴向移动的距离,单位为 mm/r。

(3)钻削深度

$$a_p=\frac{d_0}{2}$$

2. 刀具的结构及装夹

(1)刀具的结构。钻孔所用刀具主要是麻花钻。麻花钻的构造如图 10.4 所示。

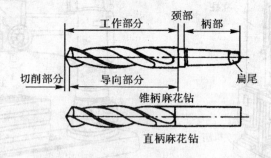

图 10.4　麻花钻外形

麻花钻由柄部、颈部和工作部分组成。

柄部是钻头的夹持部分,有直柄和锥柄两种。直柄传递的扭矩小,锥柄可传递较大的扭矩。

颈部是为了磨削柄部设立的,常刻印有钻头规格和商标。

工作部分又分为导向部分和切削部分。导向部分有两条窄的棱带,以减少钻头外径与孔壁的摩擦面积,并保持钻孔方向,起导向和修光孔壁的作用。两螺旋槽对称,起排屑和输送切削液的作用。导向部分的外径从切削部分向尾部逐渐减小,以减少棱带与孔壁的摩擦。

切削部分是实现切削工作的部分。麻花钻的切削部分的几何形状如图 10.5 所示。它有两个刃瓣,每个刃瓣相当于一把车刀。螺旋槽表面为前刀面,顶端两曲面为主后刀面,棱带为副后刀面。前刀面与主后刀面的交线为主切削刃。麻花钻有两条等长的切削刃。前刀面与副后刀面的交线为副切削刃。两主后刀面的交线是横刃,这是其他刀具所没有的。

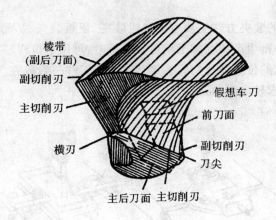

图 10.5　麻花钻的切削部分

　　(2)刀具的装夹。直柄钻头可用钻夹头装夹,如图 10.6 所示,锥柄钻头可直接装在机床主轴的锥孔内或用过渡套筒安装,如图 10.7 所示。单个套筒不合适时,还可用两个或两个以上套筒组合。套筒上端接近扁尾处有长方形通孔,以供卸下刀具时打入楔铁用。

图 10.6　钻夹头

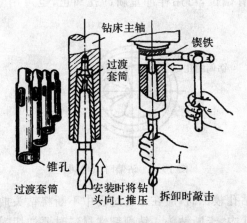

图 10.7　锥柄钻头的安装

3. 工件的装夹

钻孔时常用的工件的装夹方法主要有平口钳装夹、压板装夹、V 形铁装夹和钻模装夹等，如图 10.8 所示。单件小批生产或孔加工精度要求低时，可用平口钳装夹(较小工件)或压板装夹(较大工件)，工件上孔的位置通过划线确定。圆柱形工件一般放在 V 形铁上装夹。大批量生产或对孔加工精度要求较高时，常采用钻模装夹。

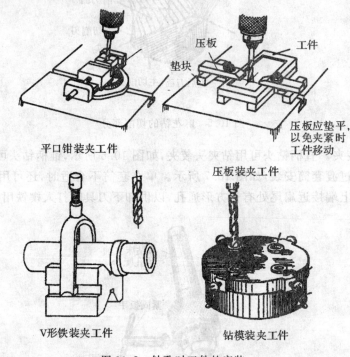

图 10.8　钻孔时工件的安装

4. 钻孔注意事项

(1)单件、小批生产时，钻孔前要划线，孔中心打出样冲眼，以起定心作用。钻孔时应先对准样冲眼试钻一浅坑，如有偏位，可用样冲重新冲孔纠正，也可用錾子錾出几条槽来纠正，如图 10.9 所示。

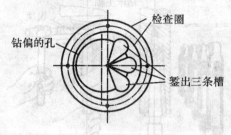

图 10.9　钻偏时原槽纠正

(2)工件材料较硬或钻孔较深时，应在钻孔过程中不断将钻头抽出孔外，排除切屑，防止钻头过热，避免切屑堵塞在孔内，卡断钻头。钻削韧性材料时要加切削液。

(3)孔径超过 30mm 时，应分两次钻成，先钻一小孔，小孔直径应超过大钻头的横刃宽度，以减小轴向力。

（4）在斜壁上钻孔两主切削刃有严重偏切现象，会发生孔的轴线偏歪、滑移等现象。故常用立铣刀铣出一个平面，再进行钻削。

（5）为了操作安全，钻孔时，身体不要贴近主轴，不得戴手套，手中也不许拿棉纱。切屑要用毛刷清理，不能用手抹或用嘴吹。工件必须放平放稳并夹牢固，更换钻头时要停车。松紧卡头要用固紧扳手，切忌锤击。

二、扩孔

扩孔是对原有孔（铸出、锻出或钻出的孔）的扩大加工。扩孔常用刀具为扩孔钻。

扩孔钻结构与麻花钻相似，如图 10.10 所示，但也有其自身的特点：扩孔钻有 3～4 个刃瓣；容屑槽较小，较浅；切削刃不延长到钻心，故没有横刃，钻削时轴向力较小；刀体刚性好，可采用较大的进给量。

图 10.10 扩孔钻

用扩孔钻扩孔时，由于扩孔时加工余量小，扩孔钻刚性好，导向作用好，扩孔时不易变形和颤动，加工质量高于钻孔。

三、铰孔

铰孔是用铰刀对孔进行精加工的方法。铰刀有手用铰刀和机用铰刀两种，手用铰刀柄部为直柄，机用铰刀柄部为锥柄。

铰刀的结构如图 10.11 所示，由柄部、颈部和工作部分组成。工作部分担任主要切削工作，分为切削部分和校准部分。切削部分为锥形，担任主要切削工作。校准部分起导向和修光作用。

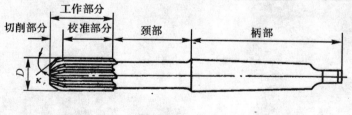

图 10.11 铰刀

铰削时，余量不宜太大或太小。铰削余量太大将增加刀齿的切削负荷，破坏切削过程的稳定性，产生较多的切削热，刀具磨损加剧，降低生产率和表面质量；铰削余量太小则不能纠正上道工序留下的加工误差，使铰孔质量达不到要求。

铰刀齿数多,刚性好,导向作用好,有校准部分,可以修光孔壁和校准孔径。同时,铰削余量小,切削速度低,变形小,其加工精度和表面质量比扩孔高。

第三节　镗削加工简介

镗削加工是用镗刀对已加工出的孔进行加工,以扩大孔径,或提高尺寸及位置精度和表面质量的孔加工方法。镗工可在镗床上进行,也可在车床、铣床上进行。

卧式镗床主要由床身、立柱、主轴箱、主轴、工作台、镗杆支撑和后立柱等部分组成,如图10.12所示。

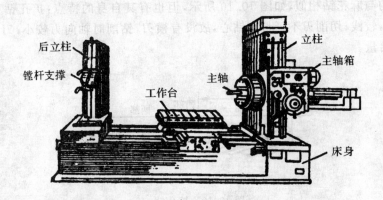

图 10.12　卧式镗床

主轴可做旋转运动和轴向移动,主轴前端有锥孔,用来安装镗刀杆。主轴箱可在立柱导轨上升降,镗杆支撑也可以上下移动与主轴箱配合,以适应加工不同高度工件的需要。工作台用来安装工件,可以作横向和纵向移动。镗削加工时,主轴带动刀具旋转为主运动,工作台带动工件移动或主轴带动刀具移动为进给运动。

镗床可以加工各种复杂的大型工件上的孔。对于直径较大的孔及内成形表面或孔内的环槽等,镗孔是唯一的方法。镗床的运动形式多,故特别适于加工有相互位置要求的孔系,例如变速箱、内燃机气缸、各种机器外壳等零件上的孔。

镗削加工精度高,可达 IT6~IT7,表面粗糙度 R_a 值为 1.6~$0.4\mu m$。

第十一章 钳 工

实习目标

实习内容	要求了解的基本知识	要求掌握的内容
概述	1.钳工的定义及钳工在工业生产上的地位与作用。 2.钳工的加工范围、钳工常用的设备、工具。 3.钳工的安全操作规程。 4.钳工操作的基本要点	
划线	1.划线的种类及划线的工具。 2.划线基准的选择。 3.划线的基本方法	1.能基本上正确使用划线工具。 2.掌握基本的划线方法,能进行平面划线和立体划线
锉削	1.锉削的应用范围。 2.锉刀的种类、构造及应用方法。 3.锉削的基本方法,其中包括:锉削姿势、顺锉、推锉、交叉锉的操作方法	1.掌握锉削的基本方法。 2.能进行平行面、垂直面及圆弧面的锉削。 3.能合理选择锉刀。 4.能检查锉削精度
锯割	1.锯割在钳工作业上的应用。 2.锯弓构造、种类、锯条的安装方法。 3.锯割的操作姿势及锯割的起锯方法。 4.操作注意事项	1.掌握锯条的安装方法。 2.掌握锯割基本方法、注意事项。 3.能完成锯割工作
孔加工	1.钻孔、扩孔、铰孔的应用。 2.各类孔加工的刀具及设备(钻床)。 3.孔加工的基本方法及注意事项。 4.孔加工的检查方法	1.能独立操作钻床进行钻削、铰削。 2.掌握钻头的基本刃磨方法
攻、套丝	1.攻、套丝的应用及丝锥板牙的应用。 2.攻、套丝的基本方法注意事项。 3.攻丝底径的计算和套丝杆径的计算	1.掌握攻、套丝的基本方法。 2.能进行攻、套丝工作

续表

实习内容	要求了解的基本知识	要求掌握的内容
刮削研磨	1. 刮削与研磨的应用。 2. 刮刀的刃磨方法及磨削、磨具的选择。 3. 刮削的检验方法	1. 掌握刮削的基本方法,能进行刮削工作。 2. 能刃磨刮刀
装配	1. 装配的概念及装配的工艺过程。 2. 装配的方法及连接形式,其中包括: (1)螺纹连接; (2)轴类零件的连接; (3)传动件的连接; (4)销键的连接; 3. 装配后的调试方法	1. 掌握装配基本方法。 2. 进行简单的配装工作

第一节 概 述

钳工是工人手持工具对金属进行切削加工的方法。钳工的基本操作有划线、錾切、锯割、锉削、攻丝、套扣、刮削等。

钳工操作主要在工作台和虎钳上进行。钳工工作台是用硬质木材制成的。要求坚实平稳,台面一般用铁皮包上、台面高度为 800~900mm。为避免铁屑伤人,其上装有防护网,如图 11.1 所示。

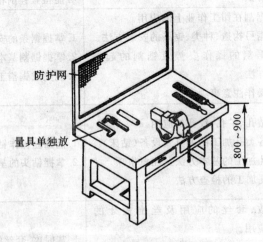

图 11.1 钳工工作台

虎钳外形结构如图 11.2 所示。虎钳用于夹持工件,钳口有斜形齿纹,若夹持精密工件时,钳口要垫上软铁或铜皮,以免工件损伤。虎钳大小以钳口宽度表示,常用的有 100mm,127mm,150mm 三种规格。

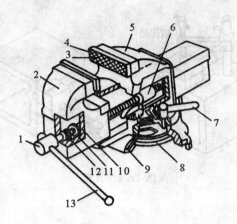

图 11.2　虎钳外形结构

1—丝杆；　2—活动钳身；　3—螺钉；　4—钳口；　5—固定钳身；　6—螺母；　7—手柄；
8—夹紧盘；　9—转座；　10—销；　11—挡圈；　12—弹簧；　13—手柄

　　钳工用的工具简单,操作方便灵活,还可以完成机械加工所不能完成的某些工作,是机械制造和装配工作中不可缺少的工种。

第二节　划　线

　　根据图纸的要求,在毛坯或半成品上划出加工界限的操作称为划线。划线的作用有确定工件表面的加工余量,确定孔的位置或划出加工位置的找正线、检查毛坯的外形尺寸是否符合要求等。

一、划线的工具

1. 划线平板
　　划线平板是划线的基准工具,如图 11.3 所示,其上平面是划线的基准平面,非常平整、光洁。使用时要安置牢固,上平面应保持水平,以便稳定地支持工件,还要注意不准碰撞和用锤敲击,并保持清洁。

图 11.3　划线平板

2. 方箱
　　方箱是划线时的支撑工具,是用铸铁制成的空心立方体,相邻各面互相垂直,并且都经过精加工。上面还设有 V 型槽(安装圆形工件)和压紧装置。使用时,将工件紧固在方箱上划出水平线,然后翻转方箱可在工件上划出垂直线,如图 11.4 所示。

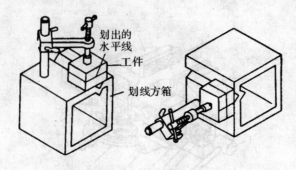

图 11.4　方箱

3. 千斤顶

千斤顶也是划线时的支撑工具，一般用来在平板上支撑较大的工件，通常三个一组使用，高度可以调整，以便找正工件，如图 11.5 所示。

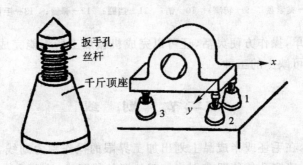

图 11.5　千斤顶

4. 划针

划针是用来在工件表面上划线的工具，其形状和用法如图 11.6 所示。

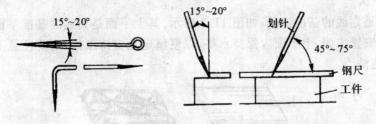

图 11.6　划针

5. 划卡

划卡是用来确定轴和孔中心位置的划线工具，如图 11.7 所示。

6. 划针盘

划针盘是立体划线和校正工件时常用的工具，如图 11.8 所示。

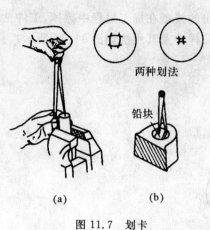

两种划法

铅块

(a)　　　(b)

图 11.7　划卡

(a)定轴中心；　(b)定孔中心

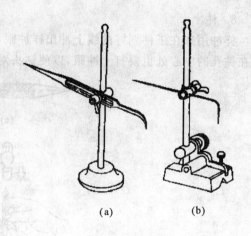

(a)　　　(b)

图 11.8　划针盘

(c)普通划针盘；　(d)可调划针盘

图 11.9 所示为用划针盘划线的情况。调节划针的高度,在划线平板上移动,就可在工件上划出与平板平行的刻线。

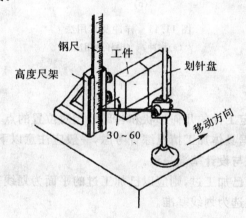

钢尺

工件

划针盘

高度尺架

移动方向

30～60

图 11.9　划针盘的应用

7. 划规

划规是平面划线作图的主要工具,常用来划圆、等分线段、量取尺寸等,如图 11.10 所示。

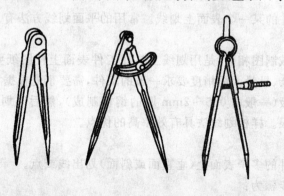

图 11.10　划规

8. 样冲

样冲用来在工件划好的线上冲出样冲眼,以避免划出的线条在加工过程中擦掉,工件钻孔前在钻孔的中心处也要打上冲眼,以便钻头对准和切入。样冲及其用法如图 11.11 所示。

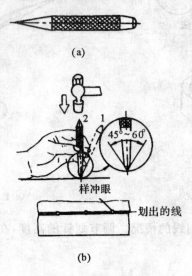

(a)

(b)

图 11.11 样冲及其用法

(a)样冲; (b)样冲用法

二、划线基准的选择

划线基准是指用来确定工件的几何形状和各部分相对位置的点、面或线。

划线基准的选择应根据具体加工情况综合考虑,一般应注意以下几点:

(1)一般应使划线基准与设计基准一致。

(2)若工件上个别平面已加工过,则应以已加工过的平面为划线基准。

(3)重要孔的中心线应选为划线基准。

三、划线方法

划线分为平面划线与立体划线两种。

1. 平面划线

平面划线是在工件的某一个表面上划线。常用的平面划线方法有几何划线法和样板划线法两种。

几何划线法与机械制图相似,是用划线工具在工件表面上按图纸要求划出线或点。样板划线法常用于形状复杂、批量大而精度要求一般的工件,需要事先根据零件的尺寸和形状要求加工一块平面划线样板(一般由 0.5～2mm 厚的钢板制成),然后以划线样板为基准,在工件表面上划出其加工界限。样板划线法具有效率高的优点。

2. 立体划线

立体划线是在工件的多个表面上(垂直面或斜面)划出线或点。

立体划线的一般步骤为:

(1)仔细研究图纸,确定划线基准。

（2）对毛坯进行检查，清理毛坯上的飞边、焊渣、毛刺、锈皮等。

（3）为了使划出的线条清晰可见，在工件表面上先涂一层薄而均匀的涂料。铸件和锻件常用石灰水，已加工过的表面常用紫溶液或硫酸铜等。

（4）有孔的工件，需要用铝块或木块将孔塞住，以便定孔的中心位置。

（5）合理装夹工件，支撑并找正，先划出基准线，再划出水平线、垂直线、斜线、曲线等。

（6）检查划线是否正确，打样冲眼。样冲眼一般打在线的两端及中部、圆弧的切点、曲线拐点等位置。

如图 11.12 为轴承座的划线过程。

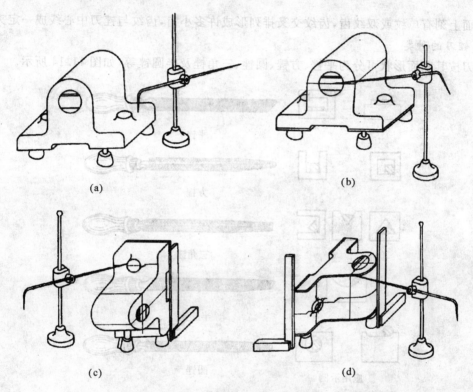

（a）　　　　　　　　　　　　　　　　（b）

（c）　　　　　　　　　　　　　　　　（d）

图 11.12　轴承座的划线过程

(a)找正工件；　(b)划水平线；　(c)(d)翻转工件找正划垂直线

第三节　锉　削

锉削是用锉刀对工件表面进行加工的方法，是钳工工作中最基本的操作，广泛应用于平面、孔、曲面、沟槽、内外角及各种形状的表面的修整，如去除毛刺、锋利的棱角、减小表面粗糙度等。

一、锉刀

1. 锉刀的构造

如图 11.13 所示，锉刀由刀面 1、刀边 2、刀根 3、刀舌 4 和刀柄 5 等部分组成。

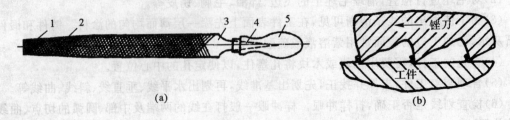

图 11.13　锉刀的构造

(a)锉刀的结构；　(b)锉齿形状

刀面上刻有单纹或双纹齿,齿纹交叉排列形成许多小齿,齿纹与锉刀中心线成一定夹角。

2. 锉刀的种类

锉刀按其断面形状可分为平锉、方锉、圆锉、三角锉及半圆锉等,如图 11.14 所示。

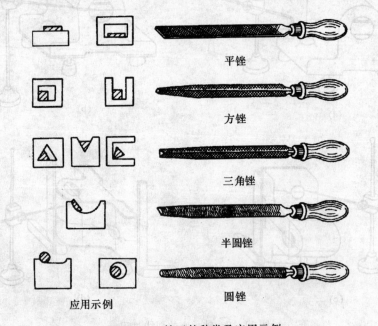

平锉

方锉

三角锉

半圆锉

圆锉

应用示例

图 11.14　锉刀的种类及应用示例

锉刀按齿纹的粗细可分为粗齿锉、中齿锉、细齿锉、油光锉等。

锉刀还可按长度可分为 100mm,150mm,…,400mm 等规格。

3. 锉刀的选用

锉刀的选用主要包括锉刀的齿纹选择和断面形状的选择。锉刀齿纹的粗细应根据工件材料性质、加工余量、加工精度和表面粗糙度等因素进行选择。锉刀的形状应根据工件加工表面的形状来选择。

二、锉削操作方法

1. 锉刀的握法

锉刀的握法随锉刀的大小及使用情况的不同而不同。

如图 11.15(a)所示,使用大平锉时,用右手握锉柄,锉柄端顶在拇指根部的手掌上,大拇指放在锉柄上,其余手指由下而上地握住锉柄。左手掌部压在锉刀的另一端,拇指自然伸直,其余四指弯曲扣住锉刀前端。使锉刀保持水平。

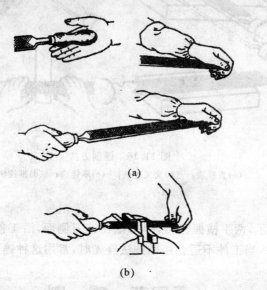

(a)

(b)

图 11.5　锉刀的握法

如图 11.15(b)所示,使用中齿锉刀时,右手握法与握大锉刀相同,左手大拇指和食指握住锉刀的前端。

使用小锉刀时,右手拇指和食指伸直,拇指放在锉刀木柄上面,食指靠在锉刀的刀边,左手几个手指压在锉刀中部。

2. 锉削姿势及锉削时力的变化

锉削过程中,操作者所站的位置和姿势,对锉削质量和工作效率有很大影响。在钳工台上锉削时,操作者应站在虎钳近旁,左脚在前,腿部稍弯,右脚在后,腿部伸直,身体稍向前倾。锉刀的运动靠手臂的往复运动带动,上身也随着手臂一起运动。操作时刀要端正,用力要均匀。锉刀向前推时加压,并保持水平。返回时,不宜紧压工件,避免磨钝锉齿和损伤已加工表面。

三、典型锉削方法

1. 直锉法

它的特点为锉刀的切削运动是单方向的,锉刀每次退回时,横向移动 5～10mm,如图 11.16(a)所示。

2. 交叉锉法

锉刀的切削方向是交叉进行的,如图 11.16(b)所示。这种锉削方法容易锉削出准确的平面,可利用错痕判断加工表面是否平整,适用于锉削余量较大的工件。

3. 顺锉法

顺锉法是沿工件表面较长的方向锉削,常用于在平面基本锉平后,用细锉进行修光,如图 11.16(c)所示。

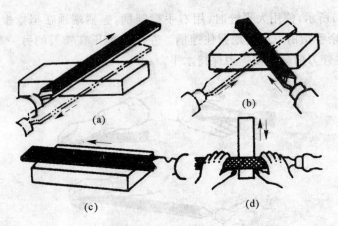

图 11.16 锉削方法

(a)直锉法； (b)交叉锉法； (c)顺锉法； (d)推锉法

4. 推锉法

如图 11.16(d)所示，两手横握锉刀，拇指抵住锉刀侧面，沿工件表面平稳地推拉锉刀，以得到平整光洁的表面。当工件不适合用顺锉法锉光时，常用这种锉削方法修光工件。

第四节 锯 割

锯割是用手锯锯断金属材料或在工件上锯出沟槽的操作。

一、锯割工具

锯割的工具主要是手锯，由锯弓和锯条组成。

1. 锯弓

锯弓是用来夹持和拉紧锯条的，有固定式和可调式两种，如图 11.17 所示。

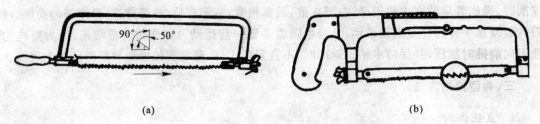

图 11.17 锯弓

(a)固定式； (b)可调式

可调式锯弓由锯柄、锯弓、方形导管、夹头和翼形螺母等部分组成，夹头上安有装锯条的销钉。夹头的另一端带有螺栓，并配有翼型螺母，以便拉紧锯条。

2. 锯条

锯条一般用碳素工具钢制造，经淬火和低温回火处理，具有一定的硬度。常用的手工锯条约长 300mm，宽 12mm，厚 0.8mm。锯齿按齿距 t 的大小可分为粗齿($t=1.6$mm)，中齿($t=1.2$mm)，细齿($t=0.8$mm)三种。

二、锯割操作

1. 锯条的选择

正确地选择锯条是顺利切削的基础,锯条选择的依据主要是工件的材料及厚度。粗齿锯条适于锯铜、铝等软金属以及较厚的工件,中齿锯条适于锯割普通钢、铸铁及中等厚度的工件,细齿锯条适于锯割硬度较高的钢、板料和薄壁管等。

2. 锯条的安装

锯条选好后要把锯条安装在锯弓上,齿尖必须向前,如图 11.17(b)所示。锯条松紧应适当,否则锯削时易折断。锯条安装后,要保证锯条平面与锯弓中心平面平行,否则锯削时锯缝容易歪斜。

3. 锯割操作要领

锯割时,一般用虎钳夹持工件,锯缝应尽量靠近钳口并与钳口垂直。

起锯时,锯条应与工件表面倾斜 10°～15°的角度。如果角度过大,锯齿容易崩碎;角度太小,锯齿不易切入,为了防止锯条的滑动,可用左手拇指指甲靠稳锯条,如图 11.18 所示。

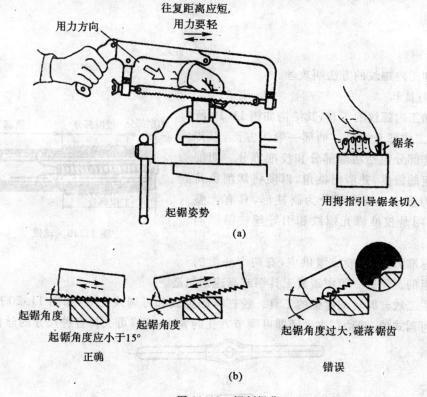

图 11.18　锯割操作
(a)起锯；　(b)起锯角度

锯割时,右手推进,左手施压。前进时加压,用力要均匀。返回时锯条在加工面上轻轻滑过,往复速度不宜太快。锯割开始和终了时,压力和速度都应比锯割时小些。

为了提高锯条的使用寿命,锯割钢料时可加上乳化液、机油等进行润滑。

三、典型锯割方法

1. 锯型材

应从型材的较宽面下锯,这样锯缝整齐,深度较浅,锯条不易被卡住。

2. 锯圆管

锯圆管应在管壁锯透时,将圆管向着推锯的方向转过一个角度再锯,这样可以减少锯条崩齿,并能保持锯缝垂直。

3. 锯薄板

锯薄板时,可将薄板两侧用木板夹住固定在钳口上锯割,或是多片叠起一起锯割,这样锯完后能使锯口保持不变形。

4. 锯深缝

锯深缝时,当锯缝深度超过锯弓高度时,应将锯条转 90°安装,使锯弓放平。

第五节 攻丝与套扣

一、攻丝

用丝锥加工内螺纹的方法叫攻丝。

1. 丝锥与铰杠

丝锥是加工内螺纹的工具,其结构如图 11.19 所示,由柄部和工作部分组成。柄部一般为方形,以传递扭矩。工作部分包括切削部分和校准部分。切削部分具有一定的锥度,并磨出锥角,以便将切削负荷分配在几个刀齿上。校准部分为圆柱形,具有光整的齿形,其作用是校准修光螺纹和引导丝锥沿轴向移动。

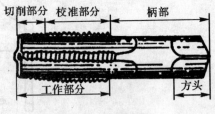

图 11.19 丝锥

丝锥为标准刀具,一般成组供应,有两个一组的也有三个一组的。丝锥一般用碳素工具钢或高速钢制造。

铰杠是手工攻丝时转动丝锥的工具。铰杠有固定式和可调式之分,如图 11.20 所示。常用的铰杠是可调式的,转动右边手柄即可调节方孔的大小,这样可夹持各种尺寸的丝锥。

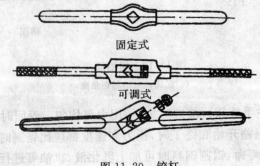

固定式

可调式

图 11.20 铰杠

2. 操作方法及注意事项

将钻好螺纹底孔的工件用虎钳或其他方法固定好。孔的端面要保持水平,以便校正丝锥是否垂直。用铰杠夹持住丝锥的方尾,就可以进行攻丝,如图 11.21 所示。

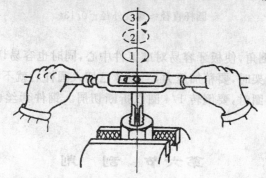

图 11.21　丝锥操作方法

先用头锥攻丝。将丝锥插入螺纹底孔的孔口,两手均匀施加一定的轴向压力,并旋转铰杠,使丝锥拧入孔内。然后均匀转动铰杠,不必再施加压力。铰杠每转一周时应反转 1/4 周,以便使切屑断落。

头锥攻到底后,再用二锥、三锥攻丝,先把丝锥放入孔内,旋入几扣后,再用铰杠转动,转动铰杠时不需加压。

攻丝时需要注意以下几点:

(1)攻丝前工件一定要固定牢固。

(2)攻丝开始时,要保证丝锥和工件表面垂直,如果丝锥倾斜,可能会造成工件报废,严重时还会折断丝锥。

(3)攻丝时,如果已经感到很费力,不可强行转动,应将丝锥倒转退出,清除切屑后再攻。

(4)攻不通孔时,底孔的钻孔深度应不小于螺孔深度加上 4 倍螺距。攻到接近孔底时应特别注意,防止继续硬攻折断丝锥。

二、套扣

用板牙加工外螺纹的方法叫套扣。

1. 板牙和板牙架

板牙是加工外螺纹的工具,板牙多用合金工具钢制造。板牙有固定板牙和开缝板牙两种。

板牙架是用来夹持板牙并带动其旋转进行套扣的工具,其结构如图 11.22 所示。安装板牙部分的内部形状,随板牙外部形状而定,板牙放入后用螺钉固紧。

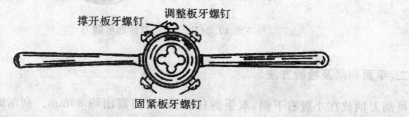

撑开板牙螺钉　　调整板牙螺钉

固紧板牙螺钉

图 11.22　板牙架

2. 操作方法及注意事项

套扣前应检查圆杆直径,若直径太大难以套入,太小套出的螺纹牙形不完整。圆杆直径可按下面经验公式计算:

$$圆杆直径 \approx 螺纹外径 - 0.13t$$

式中,t 为螺距。

套扣的圆杆端部应倒角,使板牙容易对准工件中心,同时也容易切入。板牙端面应与圆杆轴线垂直,开始转动板牙架时,要稍加压力,当板牙已切入圆杆后就不再施加压力,均匀旋转即可。板牙每正转 1/2～1 圈时,要倒转 1/4 圈以折断切屑。钢件套丝也要加切削液,以提高工件质量和板牙寿命。

第六节　刮　削

用刮刀在工件已加工表面上刮去一层很薄金属的操作称为刮削。刮削属于精密加工,刮削后工件表面平直、光洁。刮削生产率低,劳动强度大,有些零件常用磨削等精密机械加工方法代替刮削。

一、刮刀

刮刀分平面刮刀和曲面刮刀两类。

1. 平面刮刀

平面刮刀如图 11.23 所示,其端部要在砂轮上磨出刃口,然后再用油光石磨光,主要用于刮削平面。

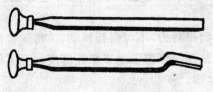

图 11.23　平面刮刀

2. 三角刮刀和匙形刮刀

图 11.24 所示为三角刮刀和匙形刮刀,它们属于曲面刮刀。

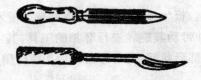

图 11.24　三角刮刀和匙形刮刀

二、平面刮削及检验方法

将刮刀柄放在小腹右下侧,双手握住刀身,刀刃露出约 80mm。刮削时双手施加压力,用腹部和腿部的力量使刮刀向前推挤,推到适当距离,抬起刮刀,完成一次刮削动作。

刮削后需要用标准平板检验平面的质量。检验方法为:将标准平板擦净,并均匀地涂上很薄的一层红丹油,然后将擦净的工件表面与平板稍加压力配研。配研后,工件表面上的高点会因磨去红丹油而显示出亮点来,这种显示高点的方法通常称为"研点"。刮削的表面精度以25mm×25mm 面积内的接触斑点的数量与分布疏密程度确定。贴合点越多越精密。

根据工件表面状况及加工精度要求,刮削常按粗刮、细刮、精刮的次序进行刮削。

第七节　装配基本知识

装配是将零件按照规定的技术要求组装起来,并经调试使之成为合格产品的过程。装配包括把几个零件安装在一起的组件装配,把零件和组件装配在一起的部件装配和零件、组件、部件的总装配。装配是机器制造的最后工序,对机器的质量和使用寿命有重要的影响。

下面简单介绍装配过程中零件之间的连接与配合。

一、连接的种类

连接可分为固定连接和活动连接。

固定连接包括可拆的固定连接(螺纹、键、楔、销等)和不可拆的固定连接(铆接、焊接、压合、冷热套、胶合等)。

活动连接包括可拆的活动连接(轴与轴承、溜板与导轨、丝杠与螺母等)和不可拆的活动连接。

二、配合的种类

1. 过盈配合

过盈配合属于紧固连接,依靠零件表面间产生弹性压力,使零件连接在一起。

2. 过渡配合

过渡配合时零件表面间有较小的间隙或很小的过盈量,如滚动轴承的内圈与轴的配合等。

3. 间隙配合

间隙配合时零件表面间有一定的间隙,配合件间有符合要求的相对运动,如轴与滑动轴承的配合等。

第十二章　非传统加工方法

实习目标

实习内容	要求了解的基本知识
概述	非传统加工的种类
电火花加工	1. 了解电火花加工的原理、应用。 2. 电火花加工的特点和对象
电解加工	1. 了解电解加工的原理。 2. 电解加工的特点和对象
超声波加工	1. 了解超声波加工的原理。 2. 超声波加工的特点和对象
高能束加工	1. 了解高能束加工的原理。 2. 高能束加工的特点和对象

第一节　非传统加工方法概述

非传统加工方法，又称特种加工方法，是指不用常规的机械加工和常规压力加工的方法，利用光、电、化学、生物等原理去除或添加材料以达到零件设计要求的加工方法的总称。由于这些加工方法的加工机理以溶解、熔化、气化、剥离为主，且多数为非接触加工，因此对于高硬度、高韧性材料和复杂形面、低刚度零件，非传统加工方法是无法用传统机械加工方法替代的加工方法，也是对传统机械加工方法的有力补充和延伸，并已成为机械制造领域中不可缺少的加工技术。

非传统加工方法包括电火花加工、电解加工、超声波加工和高能束加工等。

第二节　电火花加工

电火花加工又称电腐蚀加工，包括使用模具电极的型腔加工和使用电极丝的线切割加工。随着电火花加工速度和电极损耗等加工特性的改善，电火花加工得到了很广泛的应用，从大到数米的金属模具，小到数微米的孔和槽都可以加工。特别是电火花线切割机床的出现，使其应用范围更加广泛。

一、电火花加工的工作原理

如图 12.1 所示,电火花加工时,作为加工工具的电极和被加工工件同时放入绝缘液体(一般使用煤油)中,在两者之间加上直流 100 V 左右的电压。因为电极和工件的表面不是完全平滑而是存在着无数个凹凸不平处,所以当两者逐渐接近,间隙变小时,在电极和工件表面的某些点上,电场强度急剧增大,引起绝缘液体的局部电离,于是通过这些间隙发生火花放电。放电时的火花温度高达 5 000℃,在火花发生的微小区域(称为放电点)内,工件材料被熔化和气化。同时,该处的绝缘液体也被局部加热,急速地气化,体积发生膨胀,随之产生很高的压力。在这种高压力的作用下,已经熔化、气化的材料就从工件的表面迅速地被除去。

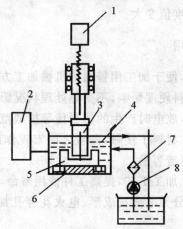

12.1　电火花加工原理示意图

1—自动进给调节装置；　2—脉冲电源；　3—工具电极；　4—工作液；

5—工件；　6—工作台；　7—过滤器；　8—工作液泵

虽然电极也由于火花放电而损耗,但如果采用热传导性好的铜,或熔点高的石墨材料作为电极,在适当的放电条件下,电极的损耗可以控制到工件材料消耗的 1% 以下。

当放电时间持续加长时,火花放电就会变成弧光放电。弧光放电的放电区域较大,因而能量密度小,加工速度慢,加工精度也变低。所以,在电火花加工中,必须控制放电状态,使放电仅限于火花放电和短时间的过渡弧光放电。为实现这个目标,在电极和工件之间要接上适当的脉冲放电的电源。该脉冲电源使最初的火花放电发生数毫秒至数微秒后,电极和工件间的电压消失(为零),从而使绝缘油恢复到原来的绝缘状态,放电消失。在电极和工件之间又一次处于绝缘状态后,电极和工件之间的电压再次得到恢复。如果使电极和被加工工件之间的距离逐渐变小,在工件的其他点上会发生第二次火花放电。由于这些脉冲性放电在工件表面上不断地发生,工件表面就逐渐地变成和电极形状相反的形状。

从以上分析可以看出,电火花加工必须具备下述条件:① 要把电极和工件放入绝缘液体中;② 使电极和工件之间距离充分变小;③ 使两者间发生短时间的脉冲放电;④ 多次重复这种火花放电过程。

二、电火花加工的加工特性

表示电火花加工特性的指标有:加工速度(g/min,克每分钟)、表面粗糙度 R_a(μm)、间隙

（μm）和电极损耗比（%）。这些加工特性主要取决于放电电流的最大值和放电的持续时间（脉冲宽度）等电气条件，在相同的加工条件下，加工效率的高低与脉冲放电的停止时间（T_r）长短有很大关系。

目前，在电火花加工时，加在电极间隙上的是 100V 左右、频率为 250Hz～250kHz 的脉冲电压，脉冲放电持续时间在 2μs～2ms 范围内，各个脉冲的能量可在 2mJ～20J（电流为 400A 时）范围内调整。在此范围内，根据持续时间（脉冲宽度）和脉冲能量的不同组合，可以获得不同的加工速度、表面粗糙度、电极消耗和表面组织等。

当频率高、持续时间短的脉冲加在电极间隙时，每个脉冲的金属除去量非常少，可以得到小的表面粗糙度值，但加工速度低。在相同功率的条件下，频率低、持续时间长的脉冲虽然可得到大的加工速度，但表面粗糙度值变大。

三、电火花加工的特点及应用

(1)脉冲放电的能量密度高，便于加工用普通的机械加工方法难以加工或无法加工的特殊材料和复杂形状的工件，不受材料硬度影响，不受热处理状况影响。

(2)脉冲放电持续时间极短，放电时产生的热量传导扩散范围小，材料受热影响范围小。

(3)加工时，工具电极与工件材料不接触，两者之间宏观作用力极小。工具电极材料不需比工件材料硬，因此，工具电极制造容易。

(4)可以改善工件结构，简化加工工艺，提高工件使用寿命，降低工人劳动强度。

基于上述特点，电火花加工分为电火花成形、电火花穿孔加工、电火花线切割。其主要用途有以下几项：

(1) 制造冲模、塑料模、锻模和压铸模。

(2) 加工小孔、畸形孔以及在硬质合金上加工螺纹螺孔。

(3) 在金属板材上切割出零件。

(4) 加工窄缝。

(5) 磨削平面和圆面。

第三节　电解加工

电解加工又称电化学加工，是继电火花加工之后发展较快、应用较广的一种新工艺，在国内外已成功地应用于枪、炮、导弹、喷气发动机等国防工业部门，在模具制造中也得到了广泛的应用。

一、电解加工原理

图 12.2 为电解加工原理图。工件接阳极，工具（铜或不锈钢）接阴极，两极间加 6～24V 的直流电压，极间保持 0.1～1mm 的间隙。在间隙处通以 6～60m/s 高速流动的电解液，形成极间导通通路，工件表面材料不断溶解，其溶解物及时被电解液冲走。工具电极不断进给，以保持极间间隙。

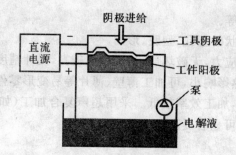

图 12.2 电解加工原理图

二、电解加工的特点及应用

电解加工具有如下特点

（1）不受材料硬度的限制，能加工任何高硬度、高韧性的导电材料，并能以简单的进给运动一次加工出形状复杂的形面和型腔。

（2）与电火花加工相比，加工形面和型腔效率高 5～10 倍。

（3）加工过程中阴极损耗小。

（4）加工表面质量好，无毛刺、残余应力和变形层。

（5）加工设备投资较大，有污染，须防护。

电解加工广泛应用于模具的型腔加工，枪炮的膛线加工，发电机的叶片加工，花键孔、内齿轮、深孔加工，以及电解抛光、倒棱、去毛刺等。

第四节 超声波加工

超声波加工（USM，Ultrasonic Machining）是利用超声振动的工具在有磨料的液体介质中或干磨料中，产生磨料的冲击、抛磨、液压冲击及由此产生的气蚀作用来去除材料，以及利用超声振动使工件相互结合的加工方法。

一、超声波加工原理

图 12.3 为超声波加工原理图。超声波发生器将工频交流电能，转变为有一定功率输出的超声频电振荡，通过换能器将超声频电振荡转变为超声机械振动。此时振幅一般较小，再通过振幅扩大棒（变幅杆），使固定在变幅杆端部的工具振幅增大到 0.01～0.15mm。利用工具端面的超声（16～25kHz）振动，使工作液（普通水）中的悬浮磨粒（碳化硅、氧化铝、碳化硼或金刚石粉）对工件表面产生撞击抛磨，实现加工。

二、超声波加工的特点及应用

（1）适用于加工各种脆性金属材料和非金属材料，如玻璃、

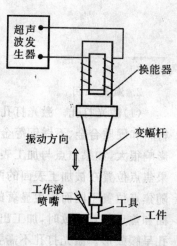

图 12.3 超声波加工原理图

陶瓷、半导体、宝石、金刚石等。

(2)可加工各种复杂形状的型孔、型腔、形面。

(3)被加工表面无残余应力,无破坏层,加工精度较高,尺寸精度可达 0.01~0.05mm。

(4)加工过程受力小,热影响小,可加工薄壁、薄片等易变形零件。

(5)单纯的超声波加工,加工效率较低。采用超声复合加工(如超声车削、超声磨削、超声电解加工、超声线切割等),可显著提高加工效率。

第五节 高能束加工

高能束加工是指使用激光、电子束、离子束等具有很高能量密度的射流进行加工的一种方法。

一、激光加工

1. 工作原理

激光加工是利用光能量进行加工的一种方法。由于激光具有准确性好、功率大等特点,在聚焦后,可以形成平行度很高的细微光束,有很大的功率密度。该激光光束照射到工件表面时,部分光能量被表面吸收转变为热能。对不透明的物质,因为光的吸收深度非常小(在 $100\mu m$ 以下),所以热能的转换发生在表面的极浅层。使照射斑点的局部区域温度迅速升高到使被加工材料熔化甚至气化的温度。同时由于热扩散,使斑点周围的金属熔化,随着光能的继续被吸收,被加工区域中金属蒸气迅速膨胀,产生一次微型爆炸,把熔融物高速喷射出来。

激光加工装置由激光器、聚焦光学系统、电源、光学系统监视器等组成,如图 12.4 所示。

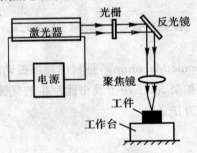

图 12.4 激光加工装置图

2. 激光应用

(1)激光打孔。激光打孔已广泛应用于金刚石拉丝模、钟表宝石轴承、陶瓷、玻璃等非金属材料和硬质合金、不锈钢等金属材料的小孔加工。对于激光打孔,激光的焦点位置对孔的质量影响很大,如果焦点与加工表面之间距离很大,则激光能量密度显著减小,不能进行加工。如果焦点位置在被加工表面的两侧偏离 1mm 左右时可以进行加工,此时加工出孔的断面形状随焦点位置不同而发生显著的变化。加工面在焦点和透镜之间时,加工出的孔是圆锥形;加工面和焦点位置一致时,加工出的孔的直径上下基本相同;当加工表面在焦点以外时,加工出的孔呈腰鼓形。激光打孔不需要工具,不存在工具损耗问题,适合于自动化连续加工。

(2)激光切割。激光切割的原理与激光打孔基本相同。不同的是,工件与激光束要相对移动。激光切割不仅具有切缝窄、速度快、热影响区小、省材料、成本低等优点,而且可以在任何方向上切割,包括内尖角。目前激光已成功地用于切割钢板、不锈钢、钛、钽、镍等金属材料以及布匹、木材、纸张、塑料等非金属材料。

(3)激光焊接。激光焊接与激光打孔的原理稍有不同,焊接时不需要那么高的能量密度使工件材料气化蚀除,而只要将工件的加工区烧熔使其黏合在一起。因此,激光焊接所需要的能量密度较低,通常可用减小激光输出功率来实现。

激光焊接有下列优点:

1)激光照射时间短,焊接过程迅速,它不仅有利于提高生产率,而且被焊材料不易氧化,热影响区小,适合于对热敏感性很强的材料焊接。

2)激光焊接既没有焊渣,也不须去除工件的氧化膜,甚至可以透过玻璃进行焊接,特别适宜微型机械和精密焊接。

3)激光焊接不仅可用于同种材料的焊接,而且还可用于两种不同的材料焊接,甚至可以用于金属和非金属之间的焊接。

(4)激光热处理。用大功率激光进行金属表面热处理是近几年发展起来的一项崭新工艺。激光金属硬化处理的作用原理是,照射到金属表面上的激光能使构成金属表面的原子迅速蒸发,由此产生的微冲击波会导致大量晶格缺陷的形成,从而实现表面的硬化。激光处理法比高温炉处理、化学处理以及感应加热处理有更多独特的优点,如快速、不需淬火介质、硬化均匀、变形小、硬度高达 60HRC 以上、硬化深度可精确控制等。

二、电子束加工

电子束加工是在真空条件下,利用电流加热阴极发射电子束,带负电荷的电子束高速飞向阳极、途中经加速极加速,并通过电磁透镜聚焦,使能量密度非常集中,可以把 1 000W 或更高的功率集中到直径为 $5\sim10\mu m$ 的斑点上,获得高达 $109W/cm^2$ 左右的功率密度,如图 12.5 所示。如此高的功率密度,可使任何材料被冲击部分的温度,在 10^{-6} s 时间内升高到几千摄氏度以上,热量还来不及向周围扩散,就已把局部材料瞬时熔化、气化直到蒸发去除。随着孔不断变深,电子束照射点亦越深入。由于孔的内侧壁对电子束产生"壁聚焦",所以加工点可能到达很深的深度,从而可打出很细、很深的微孔。

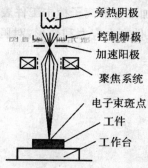

图 12.5　电子束加工原理图

电子束加工具有以下的特点:

(1)能量密度高。电子束聚焦点范围小,能量密度高,适合于加工精微深孔和窄缝等,且加工速度快,效率高。

(2)工件变形小。电子束加工是一种热加工,主要靠瞬时蒸发,工件很少产生应力和变形,而且不存在工具损耗,适合加工脆性、韧性、导体、半导体、非导体以及热敏性材料。

(3)加工点上化学纯度高。因为整个电子束加工是在真空度为 $1.33 \times 10^{-2} \sim 1.33 \times 10^{-4}$ MPa 的真空室内进行的,所以熔化时可以防止由于空气的氧化作用所产生的杂质缺陷,适合加工易氧化的金属及合金材料,特别是要求纯度极高的半导体材料。

(4)可控性好。电子束的强度和位置均可由电、磁的方法直接控制,便于实现自动化加工。

三、离子束加工

离子束加工原理与电子束加工类似,也是在真空条件下,将 Ar,Kr,Xe 等惰性气体通过离子源电离产生离子束,并经过加速、集束、聚焦后,投射到工件表面的加工部位,以实现去除加工。所不同的是离子的质量比电子的质量大成千上万倍,例如最小的氢离子,其质量是电子质量的 1 840 倍,氩离子的质量是电子质量的 7.2 万倍。由于离子的质量大,故在同样的速度下,离子束比电子束具有更大的能量。

高速电子撞击工件材料时,因电子质量小、速度大,动能几乎全部转化为热能,使工件材料局部熔化、气化,通过热效应进行加工。而离子本身质量较大,速度较低,撞击工件材料时,将引起变形、分离、破坏等机械作用。离子加速到几十电子伏到几千电子伏时,主要用于离子溅射加工;如果加速到 1 万到几万电子伏,且离子入射方向与被加工表面成 $25° \sim 30°$ 时,则离子可将工件表面的原子或分子撞击出去,以实现离子铣削、离子蚀刻或离子抛光等;当加速到几十万电子伏或更高时,离子可穿入被加工材料内部,称为离子注入。

离子束加工具有下列的特点:

(1)易于精确控制。由于离子束可以通过离子光学系统进行扫描,使离子束可以聚焦到光斑直径 $1 \mu m$ 以内进行加工,同时离子束流密度和离子的能量可以精确控制,因此能精确控制加工效果,如控制注入深度和浓度。抛光时,可以一层层地把工件表面的原子抛掉,从而加工出没有缺陷的光整表面,此外,借助于掩膜技术可以在半导体上刻出小于 $1 \mu m$ 宽的沟槽。

(2)加工洁净。因加工是在真空中进行,离子的纯度比较高,因此特别适合于加工易氧化的金属、合金和半导体材料等。

(3)加工应力变形小。离子束加工是靠离子撞击工件表面的原子而实现的,这是一种微观作用,宏观作用力很小,不会引起工件产生应力和变形,对脆性、半导体、高分子等材料都可以加工。

参考文献

[1] 张力真,徐允长.金属工艺学实习教材.3 版.北京:高等教育出版社,2002.
[2] 邓文英.金属工艺学.4 版.北京:高等教育出版社,2000.
[3] 裴崇斌.金工实习.西安:西北工业大学出版社,1996.
[4] 张连凯.机械制造工程实践.北京:化学工业出版社,2004.